国家自然科学基金青年基金项目(52104201)
山东省自然科学基金青年基金项目(ZR2020QE131) 研究成果
国家自然科学基金面上项目(51974179)

煤自燃复合惰化机制
研究及应用

杜文州 方丽芬 林 彬◎著

中国科学技术大学出版社

内 容 简 介

本书从燃烧基础理论出发,提出了宏观唯象的煤热解及燃烧模型,基于该模型在 OpenFOAM 平台真实地再现了煤燃烧过程,通过改变气体氛围,进一步探究了复合型惰性气体对煤燃烧的影响。视采空区为多孔介质,对其裂孔隙结构进行研究,提出一种更加合理的孔隙率和渗透率编译方法,通过对采空区气体流场分析,确定了基于采空区流场分布判定遗煤自燃危险区域方法的合理性,最后提出针对采空区自燃危险区域的复合惰化技术方案并进行了现场应用,提高了采空区的惰化效果。

图书在版编目(CIP)数据

煤自燃复合惰化机制研究及应用/杜文州,方丽芬,林彬著.—合肥:中国科学技术大学出版社,2023.4

ISBN 978-7-312-05582-9

Ⅰ.煤⋯ Ⅱ.①杜⋯ ②方⋯ ③林⋯ Ⅲ.煤炭自燃—研究 Ⅳ.TD75

中国版本图书馆 CIP 数据核字(2022)第 254500 号

煤自燃复合惰化机制研究及应用

MEI ZIRAN FUHE DUOHUA JIZHI YANJIU JI YINGYONG

出版	中国科学技术大学出版社
	安徽省合肥市金寨路 96 号,230026
	http://press.ustc.edu.cn
	https://zgkxjsdxcbs.tmall.com
印刷	合肥市宏基印刷有限公司
发行	中国科学技术大学出版社
开本	710 mm×1000 mm 1/16
印张	9.25
字数	188 千
版次	2023 年 4 月第 1 版
印次	2023 年 4 月第 1 次印刷
定价	46.00 元

前　言

能源安全是国家安全的重要组成部分,煤炭是我国主体能源和重要工业原料,支撑着我国经济社会的快速发展,未来还将长期发挥重要作用。

我国的煤炭种类众多,开采矿区分布广泛,面临的矿井火灾也相应更为严重,据统计,我国每年发生采空区火灾及隐患超过 4000 次,因采空区火灾封闭工作面近 100 个,导致大量煤炭无法采出,造成极大的资源浪费。除此之外,矿井采空区火灾还会生成大量的有毒有害气体,对井下工作人员的身体健康和生命安全构成严重威胁。在瓦斯矿井中,采空区发生火灾还会引发瓦斯、煤尘爆炸,导致重特大恶性事故的发生。

本书围绕煤的燃烧及惰化这条主线展开一系列的研究,从燃烧基础理论出发,提出了宏观唯象的煤热解及燃烧模型,基于该模型在 OpenFOAM 平台真实再现了煤燃烧过程,通过改变气体氛围,进一步探究了复合型惰性气体对煤燃烧的影响;视采空区为多孔介质,对其裂孔隙结构进行研究,提出一种更加合理的孔隙率和渗透率编译方法,通过对采空区气体流场分析,确定了基于采空区流场分布判定遗煤自燃危险区域方法的合理性;最后提出针对采空区遗煤自燃的复合惰化技术,即通过共注氮气和二氧化碳的混合气体以提高采空区惰化范围,并进行现场工业性应用,保证了工作面的安全、经济、高效开采。

本书是国家自然科学基金青年基金(52104201)、山东省自然科学基金青年基金(ZR2020QE131)、国家自然科学基金面上项目(51974179)的研究成果。在撰写过程中,得到了山东科技大学张延松教授、李润之教授、孟祥豹副教授、赵文彬副教授,中国地质大学(武汉)丁彦铭教授,课题组王厚旺、牛阔、奚雅、孙颖君、王伯文、王扬旭、曹幸幸等研究生的大力支持和帮助,在此表示感谢;本书引用了国内外许多专家学者的相关研究成果,使得本书能够比较系统地呈现在读者面前,在此一并表示感谢。

　　本书旨在为采空区遗煤自燃惰化理论和技术的发展与完善提供参考，适合矿井防灭火相关领域的科研人员、技术人员及学生阅读。由于作者水平有限，有一些问题还需进一步深入研究，书中难免有不妥或者不当之处，敬请广大读者批评指正。

杜文州

2022 年 11 月

目　　录

1 绪 论

1.1 注惰防灭火概述

近几年,我国煤矿防灭火技术发展迅速,大批科研人员和一线工人从事该领域的研究与实践工作,为我国煤矿安全事业特别是火灾防治方面做出了很大的贡献。

通过长期的研究和实践,各类防灭火技术均取得长足发展,西安科技大学秦波涛、王德明[1]教授对此进行了分类对比,见表1.1。

表 1.1 煤炭自燃防治技术

防治技术	优点	缺点
堵漏技术	① 聚氨酯泡沫抗压性好、堵漏效果好 ② 隔绝氧气进入煤体,防止漏风效果较好	① 工作量大 ② 高温下聚氨酯泡沫分解放出有害气体 ③ 高温下罗克休等易燃烧 ④ 成本高
灌浆技术	① 包裹煤体,隔绝煤与氧气的接触 ② 吸热降温 ③ 工艺简单 ④ 成本较低	① 只流向地势低的部位,不能向高处堆积,对中、高及顶板煤体起不到防治作用 ② 浆体不能均匀覆盖浮煤,容易形成"拉沟"现象,覆盖面积小 ③ 易跑浆和溃浆,造成大量脱水,恶化井下工作环境,影响煤质
惰化技术	① 减少区域氧气浓度 ② 可使火区内瓦斯等可燃性气体失去爆炸性 ③ 对井下设备无腐蚀,不影响工人身体健康	① 易随漏风扩散,不易滞留在注入的区域内 ② 注氮机需要经常维护 ③ 降温灭火效果差
阻化剂技术	① 吸热降温 ② 惰化煤体表面活性结构,降低煤体氧化速率	① 阻化剂不易均匀覆盖在煤体表面 ② 喷洒工艺施行难 ③ 腐蚀设备 ④ 危害工人身体健康

防治技术	优点	缺点
胶体技术	① 灭火速度快 ② 复燃性低 ③ 火区启封时间短 ④ 安全性好	① 时间长了胶体会龟裂 ② 流量小,流动性差 ③ 产生有毒有害气体 ④ 成本较高
三相泡沫	① 灭火速度快 ② 稳定性强 ③ 避免"拉沟"现象	① 泡沫很容易破灭 ② 只有液相水,一旦水分挥发,防灭火性能就消失

其中,惰气防灭火技术是 20 世纪 70 年代从德、法、英等国家开始发展和应用的,并于 80 年代起引入我国。1992 年,注氮防灭火技术被写入煤矿安全规程[2];1997 年,我国发布了《煤矿用氮气防灭火技术规范》,开始了 N_2 防灭火技术的研究与推广[3]。惰化防灭火技术的原理就是利用惰性气体(CO_2、N_2 等)的不燃性和不助燃性,将惰性气体注入火区以降低氧气浓度,从而起到防火甚至是灭火的作用。

目前,我国煤矿用制氮装备主要分为三种:深冷空分制氮装置、变压吸附制氮装置和膜分离制氮装置。深冷空分制氮装置不仅可以生产高纯度 N_2,同时还可生产液氮,但该装置安装成本较高,且运营后一般不间断,需要专业的人员进行操作和维护,适用于集约化生产。与深冷空分制氮装置相比,变压吸附制氮装置和膜分离制氮装置的体积小、质量轻、能耗小、前期投资少、开启等待时间短。因为变压吸附制氮装置在运行过程中需要不断切换阀门,分子筛在频繁压变条件下容易损坏失效,所以目前较少使用。目前,多使用的是膜分离制氮装置,生产低纯度的 N_2(完全可以满足矿井使用)的经济效益十分明显。

近年来,常用于民用消防的 CO_2 开始被使用在煤矿防灭火中,并发展出多种 CO_2 防灭火技术,开发研制了一系列的 CO_2 制备、储运及灌注装备。目前国内较为常用的是低温储运方式,即采用低温低压罐体运输,CO_2 温度维持在 $-20\sim30\ ℃$,压力在 $1.5\sim2.5\ MPa$,运送到煤矿企业后,以液态或者气态的方式向采空区或者密闭火区进行压注。

目前的研究或工程应用多集中在单一惰性气体的灌注,为了进一步提高自然发火危险性较高矿井的惰气防火效果,综合考虑 N_2 和 CO_2 在防灭火方面的优势及特点,本书拟提出针对采空区自燃危险区域的复合惰化技术,即通过共注 N_2 和 CO_2 的混合气体以提高采空区惰化范围,并进行现场工业性应用。

1.2　国内外相关研究基础与现状

1.2.1　煤燃烧基础理论

煤是一种不均匀的有机天然产物,主要由植物的部分分解和变质形成,其可燃成分主要是 C、H、O、N、S 等组成的聚合物[4-5]。20 世纪 60 年代,研究者们对于煤燃烧机制的认识才有了较大发展。最初发展起来的是均相着火机制[6],该机制认为煤的燃烧总是在气相中发生,煤受热分解释放挥发分,挥发分与空气混合后发生燃烧,由于热量的传递,当析出挥发分的煤焦加热达到一定温度时,发生着火燃烧。均相着火机制可以解释一般的燃烧过程(等压燃烧),该过程火焰传播速度较小,仅每秒几米,而对于高温、高压下进行的爆炸性燃烧(火焰传播速度大,1000~4000 m/s),均相着火机制就无法合理解释了。直到 1912 年,Wheeler在研究矿井爆炸时发现,爆炸性燃烧可能是由煤表面燃烧开始的,并提出了相应的多相着火概念[7],这一解释在 20 世纪 60 年代被 Howard 和 Essenhigh 等[8-10]采用试验证实。

以上两种机制目前已被人们普遍接受,并给出了相应的关系图谱[11-12],如图1.1 所示。一般认为,煤燃烧的方式与煤颗粒及加热速度有关:当粒径较大、升温速度较慢时发生均相着火;当粒径较小、升温速度较快时发生非均相着火;介于两者之间时,均相着火与非均相着火同时存在,为混合着火。

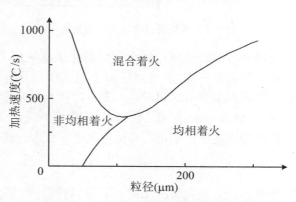

图 1.1　均相着火及非均相着火机制图谱

1.2.2 煤热解模型研究

煤热解作为煤燃烧过程中的第一个阶段,同时也是较为关键的阶段,其实质是煤大分子在高温条件下一些弱化学键发生断裂,产生挥发分气体、焦油,继而残余分子键聚合生成以碳元素为主的大分子[13-14]。为了揭示煤热解过程中的物理化学发展规律,许多学者提出了不同条件下的热解模型,主要分为两大类:基于煤结构的详细热解模型[15-18]和宏观唯象热解模型。

详细热解模型是基于自由基反应过程的相关理论发展而来的,该理论认为煤的热解首先从较弱的桥键断裂从而形成自由基中间体开始,然后煤大骨架上较弱的含氧官能团以及烷基侧链发生断裂,产生挥发性气体,到了高温阶段,煤发生缩聚反应[19-21]。一般认为,煤的热解过程[22]主要分为三个阶段:第一阶段,室温达到300 ℃,该阶段主要为煤的干燥和解吸过程,即煤中水分的蒸发以及煤多孔介质结构中 N_2、O_2、CO_2 以及 CH_4 等气体的解吸;第二阶段,室温达到 300~600 ℃,该阶段主要发生碳结构的断裂以及解聚反应,主要表现为大量的挥发分气体析出;第三阶段,室温达到 600~1000 ℃,该阶段主要发生缩聚反应,大量的侧链断裂、发生二次脱气以及产生焦炭等。如图 1.2 所示。

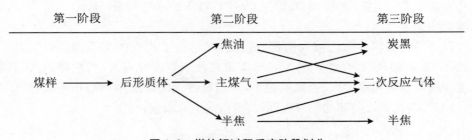

图 1.2 煤热解过程反应阶段划分

宏观唯象热解模型不考虑煤热解过程中发生的化学反应细节,而是将热解的挥发分析出量作为反应产物来考虑,从宏观层面上建立挥发分析出速率与热解温度之间的关系。最为常用的是 Badzioch 等于 1970 年提出的单步热解模型[23],将热失重速率与温度通过 Arrhenius 公式关联起来,该模型只适用于等温过程,且活化能与指前因子会随煤种的变化而变化。其反应速率常数表达式为

$$k = k_0 \exp\left(\frac{-E_a}{RT_p}\right) \tag{1.1}$$

式中,k_0 为表观频率因子,E_a 为表观活化能,T_p 为煤粒温度,该模型首次描述了挥发分的析出过程,其析出速率表达式为

$$\frac{dV}{dt} = k_0(V_\infty - V) \tag{1.2}$$

式中,V 为 t 时刻挥发分析出的质量,V_∞ 为终温时挥发分析出的质量。

为了考虑加热速率对热解过程的影响，Kobayashi 和 Howard 又提出了双竞争反应模型[24]，通过两个平行的一级反应来描述煤的热解过程，反应过程如图 1.3 所示。

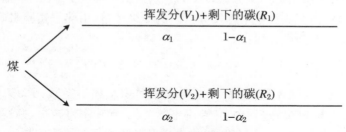

图 1.3 双竞争反应示意图

该两个平行反应均服从 Arrhenius 定律，α_1 和 α_2 为热解挥发反应的当量系数。该模型认为，前一个反应是低活化能的，第二个为高活化能的，主要表征参数为温度。煤受热挥发分生成率可用以下公式表示：

$$G_v = m_{c,0}\exp\left\{ -\int_0^t \left[B_{v_1}\exp\left(\frac{-E_{v_1}}{RT_p}\right) + B_{v_2}\exp\left(\frac{-E_{v_2}}{RT_p}\right)\right]\mathrm{d}t \right\}$$

$$\times \left[\alpha_1 B_{v_1}\exp\left(\frac{-E_{v_1}}{RT_p}\right) + \alpha_2 B_{v_2}\exp\left(\frac{-E_{v_2}}{RT_p}\right)\right] \tag{1.3}$$

式中，$m_{c,0}$ 为煤粒中原煤的初始质量，B_{v_1}、B_{v_2} 为指前因子，E_{v_1}、E_{v_2} 为两步反应的活化能，T_p 为煤粒温度，该公式中 α_1、α_2、B_{v_1}、B_{v_2}、E_{v_1}、E_{v_2} 均可通过试验获得，也就是说，煤粒挥发分生成率只是温度和时间的函数。

Pitt 用一组独立或平行的一级动力学反应[25-26] 对热解过程进行描述，Anthony 等在此基础上建立了无限平行反应模型[27]，也称为分布活化能热解模型，该模型假定各平行反应的频率因子相同，且活化能遵循高斯函数分布。胡国新等[28] 基于分布活化能理论，在移动床中辐射和对流换热条件下，建立了大颗粒煤的传热和热解速率微分方程组，并研究了热解热效应、热解产物的传质冷却、煤粒直径等因素对煤粒热解过程的影响。

为了解决模型要么只适用于特定的环境，要么求解过程过于复杂，又或者动力学参数与煤种（甚至是同一煤种的不同状态）有关的难题，傅维标和张燕屏等建立了煤粒热解通用模型（Fu-Zhang 模型）[29]。该模型认为，当煤受热温度升高，挥发分析出，且挥发分成分是随着煤温度的升高而变化的，那也就说明煤热解的 E 和 K 值在不同温度下是不同的，E 和 K 值应是煤温度 T_p 的函数。另外，在某个温度条件下，有可能有几种挥发分同时释放出来，因此在整个挥发分析出过程的某个时刻，存在一个平均的 $\overline{E}$ 和 $\overline{K}$，即便如此，平均的 $\overline{E}$ 和 $\overline{K}$ 与煤温的函数也不易得出，为此，采用煤终温 T_∞ 代替过程温度，用当量的 $\overline{E}$ 和 $\overline{K}$ 代替挥发分析出的动力学参数，就可得到 $\overline{E}$ 或 $\overline{K} = f(T_\infty)$ 的关系。

挥发分析出的动力学方程：

$$\frac{\mathrm{d}V}{\mathrm{d}t} = (V_\infty - V)K\exp\left(\frac{-E}{RT_p}\right) \tag{1.4}$$

式中，V 为挥发分析出的质量分数；E、K 分别为给定温度 T_∞ 下的等值活化能和等值频率因子；V_∞ 为某一温度下挥发分析出的最终产量，由热解实验来确定。

挥发分析出的能量方程：

$$\rho_c C_{pc} V_p \frac{\mathrm{d}T}{\mathrm{d}t} = Sh(T_\infty - T) + S\varepsilon\sigma F(T_w^4 - T^4) \tag{1.5}$$

式中，$T = T_p$；V_p 为煤体积；S、F 分别为煤表面积和辐射系数；T_w 为热解实验炉内温度；考虑到煤在热解过程中，孔隙率不断变化，导热率将减少，并逐步趋于气体的导热率，因此假定 $C_{pc} = \overline{C}_{pc}(T_\infty)$，代表煤在热解期间的平均比热容。

Fu-Zhang 模型虽然考虑了内部传热问题以及与周围环境的热传导问题，解决了不同煤种的通用性问题，但是对于粒度未知的松散煤体甚至是极细的煤粉来讲，其认为煤化学反应动力学参数的一致性有待商榷；同时该模型忽视了比热容、导热系数以及反应热的影响，这对于本书的采空区遗煤的热解以及燃烧问题来说，通用性不佳。

1.2.3　湍流及燃烧模型研究

目前用于湍流模拟的方法主要包括直接数值模拟（DNS）、雷诺平均 Navier-Stokes（RANS）以及大涡模拟（LES）。

DNS 不采用湍流数值模型对方程进行封闭，而是对湍流控制方程或者其简化形式直接求解，模拟精度高，对于解决湍流和化学反应之间的相互作用以及方程封闭问题有重要作用。但是由于湍流大尺度脉动与小尺度脉动的空间尺度量级相差很大，因此计算网格的空间尺度非常小，网格总数非常大，对于普通的三维模拟，所需的网格数就需达到 $Re^{9/4}$[30]。对于高雷诺数的流动，目前的计算机能力不足以支撑 DNS 计算过程[31]，一般来说，该方法仅用于湍流机理的基础研究[32-33]。

RANS[34]将湍流的瞬时标量分解为雷诺平均分量和脉动分量，雷诺平均分量可用动量方程直接求解，定义脉动分量对雷诺平均分量的影响为雷诺应力，对雷诺应力采用一系列模型进行方程的封闭，常用的模型有混合长度模型和 k-ε 模型。因不受计算量过分约束，网格精度要求也不高，可以得到较为宏观的计算结果，因此发展成为目前最常用的模拟手段，但是其最大的不足在于过分精简，以至于难以模拟煤燃烧过程中湍流的精细结构。

LES[35-37]是 20 世纪 60 年代在对湍流流动研究的精细化中发展起来的，到了90 年代正式应用于燃烧计算，其基本思想是采用滤波方法将湍流的瞬时量以滤波宽度为界，分解为空间尺度大于滤波宽度的可解尺度部分和空间尺度小于滤波宽度的亚格子尺度部分，前者可用动量方程直接求解，后者需建模求解[38]。当采用合适的亚格子模型和网格尺度时,大涡模拟的结果可接受程度非常高。

亚格子燃烧模型最早发展起来的是亚格子线性涡模型、小火焰模型等,随后则将 RANS 模拟的 RANS 中的涡团破碎(EBU)模型、简化概率密度函数(PDF)模型、火焰面模型、条件矩模型、二阶矩模型和概率密度输送方程模型、涡耗散燃烧模型(EDM)、涡耗散概念模型(EDC)移植到 LES 中。其中,小火焰模型、EBU 模型、EDM 模型以及 EDC 模型是目前工程上应用最广泛的模型。

小火焰模型由 Peters 提出[39-42],基本原理是认为湍流火焰的局部特征与层流火焰类似,从而实现将火焰中复杂的化学过程与湍流流动解耦,对化学反应描述以及湍流流动描述分别模型化。

EBU 模型由 Spalding 提出[43],该模型作为经验型模型适用于预混火焰,其基本原理是化学反应速率取决于未燃气体团在湍流作用下破碎成更小涡团的速率,将化学反应速率表示成湍动能、耗散率和速度梯度的函数。

EDM 模型由 Magnussen 提出,基于 EDM 模型条件下,大部分燃烧物快速燃烧,整体反应速率由湍流混合控制[44]。基本原理是在气流涡团因为涡耗散变小的情况下,分子间的碰撞概率增加,化学反应发生并迅速完成。其化学反应速率受湍流度的影响非常大;同时,其化学反应速率还取决于涡团中反应物、产物浓度值中最小的一个。EDM 燃烧速率、Arrenhius 反应速率以及 EDM 反应速率表达式如式(1.6)~(1.8)所示。

$$\omega_T = \frac{\omega_A \cdot \omega_{EDM}}{\omega_A + \omega_{EDM}} \tag{1.6}$$

$$\omega_A = A\rho Y_{fuel} Y_{air} \exp\left(\frac{-E_a}{RT}\right) \tag{1.7}$$

$$\omega_A = A\rho Y_{fuel} Y_{air} \exp\left(\frac{-E_a}{RT}\right) \tag{1.8}$$

EDC 模型由 Magnussen 等人提出[45],该模型认为化学反应只发生在湍动能耗散区,也称为湍流"微细结构"。该模型将化学反应分为两个区:其中一个区内,湍流微细结构中分子间极容易发生活化碰撞,化学反应持续进行,该区内化学反应受化学动力学控制;另外一个区是在湍流微细结构的周围较大涡团区域,含有不同成分的涡团必须混合后才能进行化学反应,由于混合时间比化学反应时间长,因此受混合速率控制。EDM 模型和 EDC 模型也可同时应用于预混燃烧以及非预混燃烧。对于 EDM 模型,在非预混火焰研究中,由于默认了反应常数为 4 的经验系数进行计算,从而导致计算结果和实验值差别较大[46]。

目前,对于煤的燃烧模型研究较为分散、不成系统,且未见有较为完善的煤燃烧模型,因此,本书以改进后的基于无限快反应速率的 EDC 燃烧模型为核心,综合考虑其他相关模型,构建较为完善的煤燃烧模型,从而更加贴切准确地模拟煤燃烧过程。

1.2.4　煤燃烧特性实验研究

为了更好地对采空区遗煤燃烧特性进行研究,国内外学者从大、中、小三种不同尺度设计研制了煤燃烧实验系统,并对煤燃烧特性及发展过程进行了大量的实验研究,本书暂不考虑分子结构等微观尺度研究。

1. 小尺度实验研究

目前煤燃烧特性小尺度实验装置主要有热重分析(TG)、差示扫描量热分析(DSC)和差热分析(DTA)等,或者联用其他诸如红外光谱、红外质谱等仪器进行热分析,具体见表1.2。

表 1.2　煤燃烧小尺度实验仪器

主要仪器	主要功能
TG	热重分析
TGD	气体挥发监测
TGA	气体挥发成分分析
ARC	升温曲线测定
DTA	差热分析
DSC、C80、TAM	差示扫描量热分析

热分析法[47-48]于1887年由法国科学家Chatelier首次提出;1780年,英国科学家Higgins第一次用天平测量了试样受热时所产生的重量变化;1786年,英国科学家Wedgwood通过加热黏土测得了第一条热重曲线;随后,热分析技术得到广泛应用至今。彭本信[49]最早对我国褐煤、烟煤及无烟煤三大类八小类70个煤样进行TG、DTA、DSC联用红外光谱试验,首次采用热量法对煤自燃倾向性进行研究,同时指出低变质程度煤更加容易自燃的主要原因是其氧化放热量更高。张嬿妮[50]采用TGA研究了煤样粒度及分布、加热速率等对煤自燃的影响,通过研究热失重速率拐点确定了煤氧化过程中的特征温度。舒新前[51]采用TG研究了多种煤样的氧化动力学过程,认为煤低温氧化与燃烧过程一样,遵从Arrhenius定律,并给出煤自燃特征温度及重量变化参数。路继根等[52]联用DTA和TG对煤氧化机理进行了小尺度解释,他发现:煤自燃在初始阶段,惰质组>镜质组>壳质组;当煤自燃结束时,惰质组>壳质组>镜质组;原生矿物质对煤燃烧有一定的抑制作用。

2. 中尺度实验研究

煤燃烧特性的中尺度实验研究在国内得到了长足发展。据调研,目前国内大部分高校都购买或者自主研发了相关的程序升温设备,装煤量在几十克到千克级不等。

Xu 等[53]通过程序升温系统确定了煤样的交叉点温度,并且将煤氧化升温划分为四个阶段。梁运涛[54]实验研究了程序升温过程中温度与 O_2 浓度的变化规律及其与影响因素之间的关联特性。许涛等[55]研究了煤氧化过程中自热升温特性、耗氧速率、CO/CO_2 气体产物特性,提出煤的氧化过程主要可以分为低温缓慢氧化阶段和高温快速氧化阶段,同时研究了不同温度条件下煤中 O_2 的解吸规律。邓军等[56]在程序升温实验系统和 CO、C_2H_4 等指标气体分析的基础上,确定了不同变质程度煤的特征温度。Chen 等[57]通过煤体的耗氧速度、CO 和 CO_2 的产生率,建立了煤体实际放热强度与最大和最小放热强度的函数关系。陆伟、王德明等[58-59]基于自主研制的煤绝热氧化实验装置,在实验研究的基础上建立了煤氧化升温产热量计算模型。谢振华等[60]采用程序升温系统对不同粒径煤进行了实验,结果显示:粒径越小,耗氧速率则越快。徐长富等[61]采用程序升温实验装置,测试了水分对煤氧化自燃特性的影响。

3. 大尺度实验研究

为了更加真实地模拟煤矿井下煤自然发火过程,20 世纪 80 年代,美国的 Harris[62]建成了世界第一个大型自然发火模拟实验台,该实验台长 5 m,直径 0.6 m,装煤量不到 1 t。1991 年,Cheng 等[63]在新西兰仿制了长 2 m、直径 0.3 m、装煤量 110 kg 的实验台,同年,美国又建立了装煤量达 13 t 的实验台[64]。随后澳大利亚、中国等国开始研发大型自然发火实验系统[65]。我国第一个大型自然发火实验系统是由西安科技大学徐精彩教授带领研发建造的,其最大装煤量为 0.85 t,随后,他们又改造建立了不同装煤量实验台[66]。2002 年,在兖矿建成了装煤量 15 t 的特大型自然发火实验台,实现了温度采集、煤温跟踪等方面的自动控制,确保了煤样自燃实验模拟的精度和可靠性[67-68]。邓军等[69-70]根据煤体温度、O_2、CO 以及 CO_2 气体浓度等参数的变化规律,得出煤自燃过程热力学特性参数,综合漏风强度、供氧量等因素的影响,分析得出煤自燃最佳实验条件。文虎[71]通过上述平台进行了煤样从室温至 450 ℃ 的自然发火全过程实验,得到了与现场实际较为吻合的自然发火期测试结果。安徽理工大学的张国枢等[72]在 1999 年自主设计研制了装煤量约为 3 t 左右的煤自然发火实验装置。2000 年,中国矿业大学张瑞新等[73-74]研制了能够模拟煤堆自燃的大型实验台,对堆煤自然发火规律进行了研究。2008 年,太原理工大学邬剑明等[75]研制了装煤量为 2 t 的煤自然发火实验台,该实验台可以模拟煤矿现场的蓄热情况,揭示了煤体自燃发生过程中温度的变化规律。截至目前,各类大型试验台不断研发升级和改善。

1.2.5 采空区自燃危险区域判定

采空区自燃危险区域判定即准确地判定采空区可能发生自燃的区域,可有效地指导矿井防灭火的工作,国内外学者对此进行了大量的研究。

1991 年,乌克兰 Sujanti 等[76]通过理论分析和实验的方法得出煤堆积临界厚度计算方法,见式(1.9),当煤堆积厚度大于临界值时遗煤自燃就有可能发生。

$$h_{kp} = \sqrt{(T_{kp} - T_{ok})\sqrt{\varphi}(5.177K_\rho \rho_m)} \tag{1.9}$$

式中,T_{kp} 为临界温度,T_{ok} 为岩层温度,φ 为在干燥空气条件下煤的湿度,K_ρ 为煤氧吸附常数,ρ_m 为煤的平均密度。

Sujanti、Zhang 等[77]应用静态恒温实验得出煤的临界温度,在前人研究的基础上得到煤自燃临界厚度的判别式:

$$h_{kp} = \sqrt{\frac{\delta_c R T_a^2 k}{EQA\rho\exp\left(\dfrac{-E}{RT_{a,c}}\right)}} \tag{1.10}$$

式中,k 为导热系数,Q 为煤吸氧放热量,T_a 为环境温度,$T_{a,c}$ 为临界环境温度,δ_c 为 F-K 无量纲参数,R 为气体常数,ρ 为煤的块密度。

徐精彩教授[78]基于热平衡理论,结合采空区散热条件和漏风规律,推导出遗煤自燃极限参数并划定了危险区域,此方法为采空区危险区域的判定提供理论支持。随后,徐精彩教授[79]又根据能量守恒原理等提出了采空区遗煤自燃极限参数的计算方法以及最小推进速度计算方法,构建了煤自燃危险区域判定的必要及充分条件。谭允祯[80]基于覆岩裂隙"O"形圈理论,结合现场观测,将综放采空区划分为易自燃区、自燃区、不自燃Ⅰ区和不自燃Ⅱ区。崔凯等[81]采用有限元数值模拟方法求解综放采空区风流运动规律的二维非线性渗流方程,得出自然发火区域与工作面供风风量的关系。曹凯[82]通过现场测定及数值模拟发现,随着高度不断增加,适宜煤自燃的氧气分布区域不断减小,随着进入采空区深度增加,底板浮煤自燃的可能性逐渐升高,上部浮煤加快进入窒息带。郇华清等[83]通过研究采空区空气流动规律和煤自燃标志性气体浓度分布,建立了采空区火源点位置判断数学模型并用计算机进行模拟。杨永良、李增华等[84]通过现场测定,用 O_2 浓度和采空区岩体冒落规律划分的采空区三带能够很好地吻合。程卫民等[85]考虑瓦斯以及其他可燃性气体的影响,利用三维场重建程序结合空间插值技术,重建出遗煤自燃危险区域空间立体分布情况。此外,在纯探测技术层面,谢军、崔洪义等[86-87]通过红外探测、释放放射性气体等技术对采空区能量或放射性元素进行监测,以此判断已着火区域大概的范围。随着探测技术的不断发展,各种新的技术被应用井下煤自燃危险区域划分中,目前比较常用的现场探测技术[88-90]包括:磁探测法、气体探测法、测氢气判断法、红外探测反演法、电阻率探测法。

可见,除了现场观测外,采空区自燃危险区域的判定方法主要采用了数值模拟的手段,即通过模拟采空区气体流场、温度场等来确定自燃危险区域。而数值模拟过程中,采空区孔隙率设定是获得准确模拟结果的关键,目前其设定方法主要分为两大类:一类是将采空区视为均匀的多孔介质,其孔隙率为常数;也有研究将采空区依照采空区覆岩垮落规律,按照"横三带"和"竖三区"分布对采空区孔隙率进行划区域分别设定。另一类是使用 UDF 对采空区孔隙率进行编译,从而实现多孔介质的非均质性或连续性,其中最为常见的编译方法有两种。第一种是沿采空区深度方向将孔隙率编译为连续函数,其倾向方向孔隙率相同;第二种方法考虑了地应力与采空区渗透率的关系,沿工作面倾向和走向均满足正切双曲线函数。从实际应用情况来看,通过 UDF 编译的正切双曲线函数更具有现实意义,但是由于双曲函数的对称性,其在倾向方向上,针对倾斜煤层或者急倾斜煤层的适用性便有待考究了;同时在一般研究中,由于走向方向上并不取值为全部采空区深度,因此走向方向上越深入采空区,孔隙率反而越大的情况也是值得商榷的。基于上述现状,本书拟借助颗粒离散元软件 PFC,对采空区及上覆岩层裂隙发育规律及孔隙分布特征进行数值研究。视采空区为多孔介质,根据孔隙分布特征优化采空区孔隙率编译方法,进而将所建立的采空区多孔介质渗流模型导入到流体计算软件 Fluent中,通过数值模拟手段对采空区自燃危险区域进行判定。

1.2.6　采空区注惰防灭火理论及数值计算

在注氮防灭火方面,李宗翔[91]通过迎风有限元数值方法通过控制方程求解,得出了合理的注氮流量,并给出了相应的计算公式。唐立岩[92]考虑上覆岩层的裂隙变化及采空区的渗透率,基于 Fluent 数值模拟认为应该设定浅部深部联合注氮口,浅部注氮口位于散热带内,深部注氮口位于氧化带内。丁香香[93]将采空区内孔隙率和渗透率作为影响因素添加到气体流动方程中,模拟了采空区内注氮前后的漏风流场和氧气浓度分布,对 N_2 惰化影响进行了研究。张九零[94]研究了注氮对封闭火区内气体运移规律的影响,并提出了"活塞推动"的概念,即当 N_2 不断注入时,受后方压力升高的影响,惰气前锋会整体推动火区内可燃气体向火源运移,当爆炸性气体压缩达到一定浓度时,就会发生爆炸。苏福鹏、王忠文、李诚玉[95-97]的研究对此进行了进一步验证,通过数值模拟合理地解释了封闭火区注惰可能引发瓦斯爆炸的原因。陆卫东[98]采用 PHOENICS 软件对采空区注氮进行数值模拟发现,随注氮量的增加,氧化带范围并不是呈线性规律缩短,而是呈负幂函数规律减小,也就是说,存在一个最高"性价比"的注氮量。周西华[99]、周令昌[100]的研究也得出类似的观点。刘立立[101]进行常温 40 ℃、20 ℃以及低温 -20 ℃注氮数值模拟,结果表明,注氮可以改变采空区的漏风规律,且注氮温度越低,采空区漏风量越小。汪月伟[102]通过 COMSOL Multiphysics 数值模拟,得出注氮量与煤自燃危险区域最大宽度的关系式,确定了不同推进速度下 N_2 注入量的合理计算公式。

在注 CO_2 防灭火方面,邓军、李庆军、李士戎和邵昊等[103-106]对 CO_2 防灭火进行了详细研究,通过数值模拟得出了 CO_2 在采空区中的分布规律和注气参数,结果发现,在采空区注 CO_2 可以减少工作面向采空区的漏风量,且降氧效果比注氮更好。曹楠[107]通过理论计算方程,以氧浓度为标准,结合采空区漏风情况,给出了液态 CO_2 防灭火的最佳注入量以及最佳释放口位置。吴兵等[108]进行了特定相同流量 N_2 和 CO_2 抑制煤低温氧化和熄灭煤燃烧实验,结果表明, CO_2 比 N_2 具有更好的防灭火能力。

但需要注意的是,注 CO_2 防灭火工作并不是一劳永逸的。孙浩[109]的研究表明,注入 CO_2 可有效抑制火区快速发展,但难以彻底扑灭火灾,同时给出了灭火灌注液态 CO_2 用量的计算方法,为液态 CO_2 灭火设计提供了依据。针对液态 CO_2 在管道输送过程中易发生堵塞、爆震的现象,马砺[110]利用 Aspen HYSYS V7.3 软件模拟计算 CO_2 在管道输送的参数变化及影响因素,确定了 CO_2 气-液两相管道安全输送参数及现场应用工艺。邓军[111]为解决液态 CO_2 在气化过程中易结冰、爆震以及灌注量难于计算等问题,对液态 CO_2 相变规律做了深入分析。于志金[112]针对不同的 CO_2 压注位置和流量,提出了分析压注时间对惰化效果影响的理论方法,并开发了长距离直注式液态 CO_2 防灭火工艺,大幅度提高了液态 CO_2 "相变吸热"和"气化惰氧"双效防灭火效能。李喜员[113]为了解决 N_2 漏失严重的问题,采用向采空区注重氮的防火技术,取得了不错的效果,同时给出了重氮气体中各气体比例。

2 煤热解及燃烧模型构建

煤的热解和燃烧是一个极其复杂的物理及化学反应过程,为了从宏观唯象角度揭示煤热解及燃烧过程中的物理化学发展规律,本书基于简单一维热解模型——Gpyro 模型,同时考虑煤热解条件下的两个反应过程:水分干燥过程和煤热解反应时挥发分析出过程,构建一种煤热解模型。以改进后的基于无限快反应速率的 EDC 燃烧模型为核心,将其扩展到大涡模拟,引入固定碳氧化模型、碳烟生成及氧化模型、DOM 辐射模型,最终形成煤燃烧模型。

2.1 基本控制方程

基本控制方程在 Gpyro 模型[114-115]中给出了具体描述,该模型由 Chris Lautenberger 提出,离散化控制体系统如图 2.1 所示。网格 P("点")具有相邻网格 T("顶部")和 B("底部")。且网格 P 和 T 之间的接口表示为 t,网格 P 和 B 之间的接口表示为 b。φ_T 表示单元格 T 中变量 φ 的值,φ_t 表示 P 和 T 之间界面处变量 φ 的值。$(\delta z)_t$ 是从 P 到 T 的距离,$(\delta z)_b$ 是从 P 到 B 的距离。网格 P 的大小(在一维模型中也称为高度)是 $(\Delta z)_P$。为了计算源项,假设特定网格的中心处的 φ 的值优先于整个网格,同时,为了计算网格边界处的梯度,假设 φ 在网格中心之间以分段线性方式变化。在 z 方向上,随着深度增加,z 增大;当 z = 0 时,对应的是前表面;当 z = δ 时,对应的是背面。除了边缘的两个节点外,P 均位于每个单元的中心,φ° 表示在时间 t 的 φ 的值,φ 表示在时间 t + Δt 的 φ 的值。

在 Gpyro 模型中,如果凝聚相体积密度保持

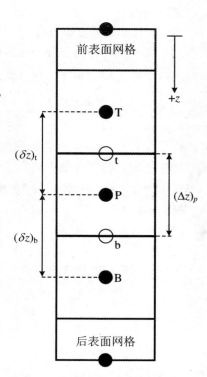

图 2.1 离散化控制体系统[114]

恒定,但气体(如挥发分气体)从网格单元中逸出,则 Δz 降低以保持质量(收缩)。如果没有气体逸出,但体积密度增加,则会发生相同的收缩。相反,如果体积密度降低而没有气体逸出,则 Δz 必须增加。气体释放可能与体积密度的变化同时发生,在这种情况下,Δz 的变化是根据质量守恒考虑因素计算的。在 Δz 没有变化的情况下,可以发生孔隙率的增加(体积密度降低)。具体的控制方程包括凝聚相质量守恒方程、凝聚相物质守恒方程、气相物质守恒方程、凝聚相能量守恒方程、气相能量守恒方程和压力演化方程[114]。

(1) 凝聚相质量守恒方程

$$\frac{(\rho\Delta z)_{\mathrm{P}} - (\rho\Delta z)_{\mathrm{P}}^{\circ}}{\Delta t} = -(\dot{\omega}'''_{fg}\Delta z)_{\mathrm{P}} \tag{2.1}$$

式中,ρ 为凝聚相密度,$\dot{\omega}'''_{fg}$ 为生成气体的速率。该方程不存在对流项,且 Gpyro 的假设是凝聚相质量不跨越网格边界。

(2) 凝聚相物质守恒方程

$$\frac{(\bar{\rho}Y_i\Delta z)_{\mathrm{P}} - (\bar{\rho}Y_i\Delta z)_{\mathrm{P}}^{\circ}}{\Delta t} = (\dot{\omega}'''_{fi}\Delta z)_{\mathrm{P}} - (\dot{\omega}'''_{di}\Delta z)_{\mathrm{P}} \tag{2.2}$$

式中,Y_i 为凝聚相物质 i 的质量分数,$\dot{\omega}'''_{fi}$ 和 $\dot{\omega}'''_{di}$ 分别为凝聚相物质 i 的生成速率和反应速率。虽然网格间距 Δz 不常见于式(2.1)和式(2.2)中,但在物质守恒方程中是适用的。

(3) 气相物质守恒方程

在气相物质守恒方程中,必须考虑跨越网格边界的对流和扩散传输。气态物质 j 的对流通量为 $\dot{m}''Y_j$,气态物质 j 的扩散通量为 j''_j。

$$\frac{(\rho_g\bar{\psi}Y_j\Delta z)_{\mathrm{P}} - (\rho_g\bar{\psi}Y_j\Delta z)_{\mathrm{P}}^{\circ}}{\Delta t} + \dot{m}''Y_j\big|_{\mathrm{b}} - \dot{m}''Y_j\big|_{\mathrm{t}}$$
$$= -j''_j\big|_{\mathrm{b}} + j''_j\big|_{\mathrm{t}} + (\dot{\omega}'''_{fi}\Delta z)_{\mathrm{P}} - (\dot{\omega}'''_{di}\Delta z)_{\mathrm{P}} \tag{2.3}$$

类似于凝聚相物质守恒方程,$\dot{\omega}'''_{fi}$ 为气态物质 j 的总生成速率,$\dot{\omega}'''_{di}$ 为气态物质 j 的总反应速率,ψ 为孔隙率,$\dot{m}''$ 为质量流量。式(2.3)中的扩散通量假设为 Fickian 扩散,计算如下:

$$j''_j = -\bar{\psi}\rho_g D\frac{\partial Y_j}{\partial z} \tag{2.4}$$

(4) 凝聚相能量守恒方程

$$\frac{(\bar{\rho}\bar{h}\Delta z)_{\mathrm{P}} - (\bar{\rho}\bar{h}\Delta z)_{\mathrm{P}}^{\circ}}{\Delta t} = -\dot{q}''\big|_{\mathrm{b}} + \dot{q}''\big|_{\mathrm{t}} - (\dot{Q}'''_{s-g}\Delta z)_{\mathrm{P}}$$
$$+ \left[\left(\sum_{k=1}^{K}\dot{Q}'''_{s,k}\Delta z\right)_{\mathrm{P}} - \left(\frac{\partial\dot{q}''_r}{\partial z}\Delta z\right)_{\mathrm{P}}\right]$$
$$+ \sum_{i=1}^{M}((\dot{\omega}'''_{fi} - \dot{\omega}'''_{di})h_i\Delta z)_{\mathrm{P}} \tag{2.5}$$

该方程中,动能、势能以及对周围环境所做功的能量变化被忽略了,采用傅立叶定律计算通过凝聚相的传导热通量 $\dot{q}''$ 为

$$\dot{q}'' = -\bar{k}\frac{\partial T}{\partial z} \tag{2.6}$$

$\dot{Q}'''_{s,k}$ 是由于凝聚相反应引起的热释放或吸收的速率,$\dot{Q}'''_{s-g}$ 是从冷凝相到气相的热传递的速率,h 为焓,k 为导热系数。尽管 $\dot{Q}'''_{s-g}$ 在热解模型中有时很小而被忽略,但是在本书中使用的热平衡近似下,$\dot{Q}'''_{s-g}$ 计算为

$$\dot{Q}'''_{s-g} = -\dot{Q}'''_{g-s} = \dot{m}''C_{pg}\frac{\partial T}{\partial z} - \sum_{l=1}^{L}\dot{Q}'''_{g,l} \tag{2.7}$$

式中,C 为比热容,采用热平衡方法,通过气相反应释放的任何热量直接添加到固体而不是气体中。式(2.5)中深度辐射热通量矢量为

$$\frac{\partial \dot{q}''_r}{\partial z} = -\bar{\varepsilon}\,\dot{q}''_e\bar{k}(z)\exp\left(-\int_0^z \bar{k}(\zeta)\mathrm{d}\zeta\right) \tag{2.8}$$

式(2.8)假设仅在垂直于暴露表面方向施加辐射,并且内部辐射损耗可忽略不计,分解固体通常由单个"层"组成。对于不完全热接触的层,层与层之间的传热速率计算为 $h_{cr}\Delta T$,其中 h_{cr} 为对流换热系数,ΔT 为一层的"背面"与它所邻接的层的"前面"之间的温差。在两个不完全热接触层之间的界面处,式(2.8)中的导热率 $\bar{k}$ 可表示为 $h_{cr}\times\delta z$,其中 δz 是网格中心之间的适当距离。

(5) 气相能量守恒方程

在热平衡条件下,气相能量守恒方程为

$$T_g = T \tag{2.9}$$

(6) 压力演化方程

描述分解固体内压力分布演变的方程式是从气相质量守恒方程得到的,即

$$\frac{(\rho_g\bar{\psi}\Delta z)_P - (\rho_g\bar{\psi}\Delta z)_P^\circ}{\Delta t} + \dot{m}''|_b - \dot{m}''|_t = (\dot{\omega}'''_{fg}\Delta z)_P \tag{2.10}$$

源项的大小与凝聚相质量守恒方程中出现的源项的大小相等,但具有相反的符号。基于理想气体方程,通过式(2.11)和式(2.10)得到压力演化方程式(2.12),该方程可以对 P 进行求解。

$$\dot{m}''|_b = -\left(\frac{\bar{K}}{\nu}\right)_b\frac{\partial P}{\partial z}\bigg|_b \tag{2.11a}$$

$$\dot{m}''|_t = -\left(\frac{\bar{K}}{\nu}\right)_t\frac{\partial P}{\partial z}\bigg|_t \tag{2.11b}$$

$$\frac{\left(\dfrac{P\bar{M}}{RT_g}\bar{\psi}\Delta z\right)_P - \left(\dfrac{P\bar{M}}{RT_g}\bar{\psi}\Delta z\right)_P^\circ}{\Delta t}$$

$$= \left(\frac{\bar{K}}{\nu} \right)_b \frac{\partial P}{\partial z} \bigg|_b - \left(\frac{\bar{K}}{\nu} \right)_t \frac{\partial P}{\partial z} \bigg|_t + (\dot{\omega}'''_{fg} \Delta z)_P \qquad (2.12)$$

式中，P 为压力，K 为渗透率，ν 为黏度系数，R 为通用气体常数，T 为温度。

2.2　煤热解模型

通过第 1 章的描述可知，Fu-Zhang 模型虽然考虑了内部传热问题以及与周围环境的热传导问题，解决了不同煤种的通用性问题，但是对于粒度未知的松散煤体甚至是极细的煤粉来讲，其认为煤化学反应动力学参数的一致性有待商榷；同时该模型忽视了比热容、导热系数以及反应热的影响。为此，研究者们尝试从其他固体可燃物的热解模型中选取合适的模型进行应用。通过对比研究发现[116-120]，由 Lautenberger 和 Fernandez-Pello 提出的 Gpyro 模型[121] 是一个针对固体可燃物的普适性热解模型。该模型中，考虑两种类型的反应：非均相（固体/气体）反应和均相（气体/气体）反应。非均相反应是指凝聚相物质形成气体和另外的凝聚相物质，也可能涉及气体的消耗；均相反应为气相反应，例如，凝聚相物质孔隙空间中气态热解产物的氧化，仅涉及气体。基于 Gpyro 模型，可同时处理煤热解条件下的两个反应过程，即水分干燥过程和煤热解反应时挥发分析出过程，从而构建煤热解模型。

2.2.1　水分干燥模型

水分对整个煤热解及燃烧过程均有显著影响，包括改变热解产物和延长点燃时间、总燃烧时间等。

目前，有以下四种基本方法可模拟热解燃烧条件下的水分干燥：

第一种方法是能量守恒法[122-124]，假设受干燥面无限薄，并且在 100 ℃下水分蒸发，能量产生损耗。此方法模型简单，易于实现数字化，主要缺点是干燥区为理想化的一个无限薄的表面，然而实际中，干燥区的厚度与材料的厚度相比是不可忽略的，因此可能无法模拟小颗粒的干燥。

第二种方法基于阿伦尼乌斯公式[125]，将水分蒸发作为附加的化学反应。此方法可以将数值模拟结果与实验结果相匹配。该方法将多个不同的物理现象集中在一个表达式中，在干燥速率和压力演变之间保持单向耦合。

第三种方法是将温度表达式作为水分含量的函数[126]，为此描述在热蒸汽气体氛围下的平衡水分含量。此模型没有考虑低于 100 ℃条件下水的蒸发，仅适用于水分含量低于 14%的相对干燥的材料；当达到燃烧条件时，平衡水分条件也不存在了。

第四种方法是扩散模型[127]。此模型以水分在低温条件(一般低于 200 ℃)下的蒸发模型为基础,煤体中游离水的运动采用一种改进的达西定律形式,吸附水采用扩散模型对其运动形式进行建模。扩散模型考虑了煤体内水分的干燥和再凝结,但是,这些参数仅通过实验验证低温条件下的干燥,对于燃烧条件下的水分干燥并不适用。

通过对比以上四种水分干燥处理方法,结合本书的研究实际,最终采用阿伦尼乌斯公式法[128]。基于蒸汽和热解产物一旦产生就从固体表面离开的基本假设,水分干燥过程质量守恒可以表示为

$$\frac{\partial}{\partial t}(\rho_s Y_{coal}) = \dot{\omega}_{coal} \tag{2.13}$$

$$\frac{\partial}{\partial t}(\rho_s Y_{moisture}) = \dot{\omega}_{moisture} \tag{2.14}$$

式中,Y 是物质的质量分数。$\dot{\omega}$(质量消耗率)由 n 阶 Arrhenius 公式计算:

$$\dot{\omega}_{coal} = \left[\frac{\rho_s Y_{coal}}{(\rho_s Y_{coal})_0}\right]^n (\rho_s Y_{coal})_0 A_{coal} \exp\left(-\frac{E_{a,coal}}{RT}\right) \tag{2.15}$$

$$\dot{\omega}_{moisture} = \left[\frac{\rho_s Y_{moisture}}{(\rho_s Y_{moisture})_0}\right]^n (\rho_s Y_{moisture})_0 A_{moisture} \exp\left(-\frac{E_{a,moisture}}{RT}\right) \tag{2.16}$$

式中,n 是反应级数,A 和 E_a 分别是指前因子和活化能,下标 0 表示加热前的初始条件。

2.2.2 挥发分析出模型

在 Fu-Zhang 通用模型的基础上,本书做出如下假设:① 煤在热解过程中单元尺寸可以发生改变;② 挥发分传质速度很快,煤体导热过程为主要控制步骤。

热解转化率动力学方程:

$$\frac{dY}{dt} = k_0 \exp\left(\frac{-E}{RT}\right)(1 - Y) \tag{2.17}$$

挥发分析出的能量方程:

$$\rho_s C_P \frac{\partial T}{\partial t} = k_s \frac{\partial}{\partial r}\left(r^2 \frac{\partial T}{\partial r}\right) - \Delta H_s \rho_s \frac{\partial Y}{\partial t} \tag{2.18}$$

式中,k_0 为热解本征动力学视频率因子,ρ_s 为煤的真密度,C_P 为煤的比热容,k_s 为煤的导热系数,r 为煤内部径向位置,ΔH_s 为煤热解反应热。

2.3 煤燃烧模型

煤的燃烧是一个复杂的物理化学过程,因此,对煤的燃烧研究大部分都采用试

验和总结的方法。在过去的 40 年里,煤燃烧的模型研究引起了各国学者的关注,并在煤的固定床燃烧、流化床燃烧的模型研究中取得了长足发展。本节寻求详细的煤燃烧机理与计算代价之间的平衡,立足宏观唯象角度,将 EDC 燃烧模型扩展到大涡模拟,引入固定碳氧化模型、碳烟生成及氧化模型、DOM 辐射模型,从而构建煤燃烧模型。

2.3.1　EDC 燃烧模型

用于湍流燃烧建模的涡流耗散概念(EDC)最初是由 Magnussen 在雷诺平均 Navier-Stokes(RANS)环境中提出的,RANS 将湍流的瞬时标量分解为雷诺平均分量和脉动分量,雷诺平均分量可用动量方程直接求解,脉动分量采用建模的方法来实现模型方程的封闭。在本书中,将 EDC 扩展到大涡模拟(LES),LES 采用滤波方法将湍流的瞬时量以滤波宽度为界,分解为空间尺度大于滤波宽度的可解尺度部分和空间尺度小于滤波宽度的亚格子尺度部分,前者可用动量方程直接求解,后者需建模求解[129]。

考虑到大多数燃烧及火灾发生在低马赫条件下,为了降低计算成本,本书采用低马赫数公式,下面列出了过滤后的低马赫数 LES 公式[130],字母上方的横线和波浪线分别代表空间滤波和 Favre 平均(从某种意义来说,Favre 平均与 Reynolds 平均相同)。

$$\frac{\partial \bar{\rho}}{\partial t} + \frac{\partial \bar{\rho} \tilde{u}_j}{\partial x_j} = 0 \tag{2.19}$$

$$\frac{\partial \bar{\rho} \tilde{u}_i}{\partial t} + \frac{\partial \bar{\rho} \tilde{u}_i \tilde{u}_j}{\partial x_j} = \frac{\partial \bar{p}}{\partial x_i} + \frac{\partial}{\partial x_j}\left[\bar{\rho}(v + v_t)\left(\frac{\partial \tilde{u}_i}{\partial x_j} + \frac{\partial \tilde{u}_j}{\partial x_i} - \frac{2}{3}\frac{\partial \tilde{u}_k}{\partial x_k}\delta_{ij}\right)\right] + \bar{\rho}g_i \tag{2.20}$$

式中,$i,j,k = 1,2,3$,u 为速度,v 为运动黏度,下标 t 为湍流,下标 k 为湍动能。

$$\frac{\partial \bar{\rho}\tilde{h}}{\partial t} + \frac{\partial \bar{\rho} \tilde{u}_j \tilde{h}}{\partial x_j} = \frac{D\bar{p}_{th}}{Dt} + \frac{\partial}{\partial x_j}\left[\bar{\rho}\left(\alpha + \frac{v_t}{Pr_t}\right)\frac{\partial \tilde{h}}{\partial x_j}\right] - \nabla \cdot \dot{q}''_r \tag{2.21}$$

$$\frac{\partial \bar{\rho}\tilde{Y}_m}{\partial t} + \frac{\partial \bar{\rho}\bar{u}_j \tilde{Y}_m}{\partial x_j} = \frac{\partial}{\partial x_j}\left[\bar{\rho}\left(\alpha + \frac{v_t}{Pr_t}\right)\frac{\partial \tilde{Y}_m}{\partial x_j}\right] + \tilde{w}_m \tag{2.22}$$

式中,$m = coal、O_2、CO_2、H_2O$;$\bar{p}_{th} = \bar{\rho}\frac{R}{MW}\tilde{T}$,$MW$ 为摩尔质量,下标 th 为热力学;Δ 为 LES 滤波宽度。

式(2.19)~式(2.22)分别为湍流燃烧过程质量守恒方程、动量守恒方程、能量守恒方程和组分守恒方程,滤波过滤后的方程式(2.20)~式(2.22)由单方程亚格子尺度(SGS)模型关闭,该模型解决了 SGS 动能的传输方程:

$$\frac{\partial k_{SGS}}{\partial t} + \frac{\partial \tilde{u}_j k_{SGS}}{\partial x_j} = \frac{\partial}{\partial x_j}\left(\frac{v_t}{Pr_t}\frac{\partial k_{SGS}}{\partial x_j}\right) - \tau_{ij}\frac{\partial \tilde{u}_i}{\partial x_j} - \varepsilon_{SGS} \tag{2.23}$$

$$\varepsilon_{SGS} = C_{\varepsilon} \frac{k_{SGS}^{3/2}}{\Delta}, \quad v_t = C_k k_{SGS}^{1/2} \Delta \tag{2.24}$$

$$\tau_{ij} = -2 v_t \bar{S}_{ij} + \frac{2}{3} k_{SGS} \delta_{ij}, \quad \bar{S}_{ij} = \frac{1}{2} \left(\frac{\partial \tilde{u}_i}{\partial x_j} + \frac{\partial \tilde{u}_j}{\partial x_i} \right) \tag{2.25}$$

式中,k 为湍动能,τ 为应力张量,ε 为动能耗散,Pr 为普朗特数。

在计算过程中,由于总的湍动能无法求解,只能求解亚格子尺度上(SGS)的湍动能,Kazui Fukumoto 等[131]基于亚格子尺度推导出总湍动能和耗散率:

$$k_t = 6^{1/3} (\varepsilon_t L')^{2/3} \tag{2.26}$$

$$\varepsilon_t = \sqrt{\frac{3}{8}} \frac{k_{SGS}^{3/2}}{\Delta} + \frac{1}{6} \upsilon \frac{k_{SGS}}{\Delta^2} \tag{2.27}$$

式中,在煤燃烧模拟中,L' 是特征长度。

$$L' = \left[\frac{Q}{\rho_{\infty} C_p T_{\infty} \sqrt{g}} \right]^{2/5} \tag{2.28}$$

在 EDC 湍流模型中,假设化学反应仅在反应物以最小尺度分子混合时发生,湍流动能从大湍流网格传递到优化网格,然后被消散成热量;优化网格中的耗散过程是间歇分布的,因此,只有一小部分优化网格可以发生燃烧。由于优化网格中的强烈混合,在建模过程中,发生燃烧的比例可认为遵循 PSR 全混流反应器模型。基于上述假设,全混流反应器中的反应速率可以容易地模拟为优化网格反应器的质量分数的变化除以反应器的停留时间,然后将平均反应速率表示为燃烧优化网格的反应速率乘以优化网格的质量分数。反应速率可表示为[132-133]

$$\bar{\omega} = \bar{\rho} \dot{m}^* \frac{\gamma \chi}{1 - \gamma \chi} (\tilde{Y} - Y^*) \tag{2.29}$$

式中,γ 和 χ 分别为优化网格的质量分数和反应分数,$\tilde{Y}$ 和 Y^* 分别为未优化网格和优化网格上的质量分数,$\dot{m}$ 为传质速率。

优化网格和周围网格之间传质速率可以表示为

$$\dot{m}^* = \frac{2u^*}{L^*} = \left(\frac{3}{C_{D2}} \right)^{1/2} \left(\frac{\varepsilon_t}{\upsilon} \right)^{1/2} \tag{2.30}$$

式中,L^* 和 u^* 分别为优化网格中的特征长度和速度,该值可以表达为

$$L^* = \frac{2}{3} \left(\frac{3 C_{D2}^3}{C_{D1}^2} \right)^{1/4} \left(\frac{\upsilon^3}{\varepsilon_t} \right)^{1/4} \tag{2.31}$$

$$u^* = \left(\frac{C_{D2}}{3 C_{D1}^2} \right)^{1/4} (\upsilon \varepsilon_t)^{1/4} \tag{2.32}$$

在 LES 框架中,由于燃烧过程中的局部层流,湍流黏度可能变为 0,导致优化网格占据的质量分数 γ(物理范围为 0~1)不明确,在 EDC 中非常大的 γ 值基本上是没有意义的,因此,将 γ 的上限设定为 1。前期研究表明:

$$\gamma = (L^*)^{0.2} \tag{2.33}$$

基于 γ 的简化,应当相应地修改优化网格的反应分数,即 x,这里提出了一种

新的 x 公式。在无限快速化学的假设下,火焰温度仅是混合物分数 Z 的线性函数[134, 135],如图 2.2 所示。

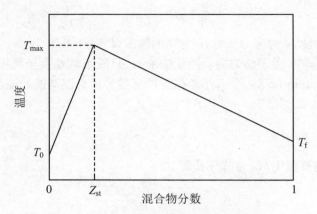

图 2.2　混合物分数与火焰温度之间的关系

由图 2.2 可得:

$$
\begin{cases}
\dfrac{T - T_0}{T_{\max} - T_0} = \dfrac{Z}{Z_{\mathrm{st}}}, & 0 \leqslant Z \leqslant Z_{\mathrm{st}} \\[3mm]
\dfrac{T - T_f}{T_{\max} - T_f} = \dfrac{1 - Z}{1 - Z_{\mathrm{st}}}, & Z_{\mathrm{st}} \leqslant Z \leqslant 1
\end{cases}
\tag{2.34}
$$

式中,$T_{\max}$ 为绝热火焰温度。

2.3.2　固定碳氧化模型

在实际矿井采空区或煤仓中的反应初期,煤常发生无焰氧化或燃烧,同时为了研究不同气体氛围对煤燃烧过程的影响,不得不考虑不同氧含量条件下煤的热解过程,尤其是在无火焰情况下,固定碳氧化模型中氧化热更是不可忽略的。本书考虑 O_2 质量通量法给出的固定碳的氧化模型[136-137],即针对半封闭空间甚至是全封闭空间等 O_2 不足的情况,固定碳氧化模型为

$$
q''_{\mathrm{char}} = \dot{m}_{O_2} \Delta H_c
\tag{2.35}
$$

$$
\dot{m}_{O_2} = h_m \rho_g Y_{O_2}^\infty
\tag{2.36}
$$

由式(2.35)、式(2.36)可得

$$
q''_{\mathrm{char}} = h_m \rho_g Y_{O_2}^\infty \Delta H_c
\tag{2.37}
$$

式中,q''_{char} 为固定碳氧化热;$\dot{m}_{O_2}$ 为可直接参与反应的 O_2 质量通量;ΔH_c 为常数,表示煤(对于绝大多数天然材料均是如此)消耗 1 kg O_2 释放的热量,取值 13.1 MJ/kg;h_m 是传质系数。

当 O_2 充足时,固定碳氧化模型为

$$q''_{\text{char}} = \frac{\omega_{\text{char}}}{M_{\text{char}}} M_{\text{O}_2} \Delta H_c \qquad (2.38)$$

式中，ω_{char} 为固定碳生成速率，M_{char}、M_{O_2} 分别为固定碳和氧气的摩尔质量。

2.3.3 碳烟生成及氧化模型

碳烟随着煤热解和燃烧过程产生，成为挥发物的重要组成部分，碳烟颗粒的形成要经历前驱物生成、颗粒积聚成核、凝结碰撞、表面生长和表面氧化等动力学演变过程[138]，极其复杂。碳烟颗粒会影响到整个火焰和非火焰区的温度分布，这在数值模拟过程中的气相温度分布中尤为突出，且在煤火蔓延过程中，不可忽略。Lau 和 Niksa[139] 采用模型计算表明由于碳烟的辐射会使得煤火焰的温度最多下降约 300 K，因此建立相应的碳烟生成和氧化模型是煤燃烧数值模型研究中不可缺少的一部分。

目前，碳烟颗粒模型往往从气相化学反应和颗粒动力学两个方面进行研究。从碳烟生成开始，气相化学反应过程采用详细的反应机理；颗粒动力学过程则用数值方法求解基本方程。以 Frenklach 和 Mauss 的详细模型最具有代表性，该模型的总体结构[140-141]如图 2.3 所示。

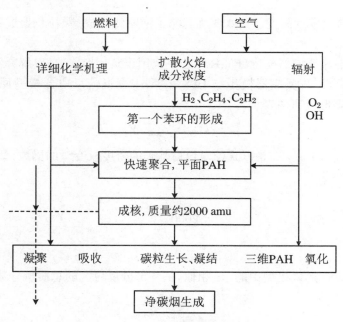

图 2.3 碳烟生成模型

但是，详细碳烟模型由于考虑并耦合了详细的化学动力学机理，如对于碳烟前驱物生成的描述就采用由 65 个组分、268 个反应组成的化学动力学机理，直接导致计算时间大幅增加，为了与上文所提出的 EDC 燃烧模型相符合，本书基于 Chen

等[142-143]开发的基于烟点高度的烟模型进行研究。

在湍流火焰中,瞬时碳烟质量分数可在相当大的范围内变化。EDC 燃烧模型中的空间滤波过程同样可应用于碳烟模型[144]的瞬时烟尘平衡方程,以模拟 SGS 对网格尺度属性的影响,表示为

$$\frac{\partial \bar{\rho} \widetilde{Y} s}{\partial t} + \frac{\partial \bar{\rho} \widetilde{u}_j \widetilde{Y}_s}{\partial x_j} = \frac{\partial}{\partial x_j} \left[\bar{\rho} \left(D_s + \frac{v_t}{Sc_t} \right) \frac{\partial \widetilde{Y}_s}{\partial x_j} \right] + \bar{\omega}_s \tag{2.39}$$

式中,$j = 1, 2, 3$,$\widetilde{u}_j$ 是密度加权速度,v_t 是从 SGS 湍流模型获得的湍流运动黏度,Sc_t 是湍流施密特数(运动黏性系数和扩散系数的比值),下标 s 和 j 分别代表碳烟和速度分量。层流碳烟扩散项可以忽略不计,并且烟灰扩散系数 D_s 被认为是 Kennedy 等[145]所说的气体扩散系数的 1%。封闭方程式(2.39)的关键问题是过滤碳烟源项 $\bar{\omega}_s$ 的处理,其物理上由碳烟形成速率 $\bar{\omega}_{s,f}$ 和碳烟氧化速率 $\bar{\omega}_{s,o}$ 组成,即

$$\bar{\omega}_s = \bar{\omega}_{s,f} + \bar{\omega}_{s,o} \tag{2.40}$$

碳烟形成速率 $\omega_{s,f}$ 可表示为

$$\omega_{s,f} = \begin{cases} \dfrac{4.4E-6}{L_{sp}} \rho^2 Y_{coal} T^{2.25} \exp\left(-\dfrac{2000}{T}\right), & 0 \leqslant Y_{coal} - \dfrac{Y_{O_2}}{s} \leqslant \dfrac{1.5 Y_{O_2}^0}{s} \\ 0, & \end{cases} \tag{2.41}$$

式中,L_{sp} 是层流碳烟高度。该式明确忽略了前驱物生成、颗粒积聚成核、凝结碰撞等过程。

将部分混流反应器模型(PaSR)[146-147]应用于碳烟形成项,以解释湍流/化学相互作用,该部分混流反应器模型与 EDC 模型中全混流反应器模型原理相似。将 LES 滤波碳烟形成速率表示为

$$\bar{\omega}_{s,f} = k \omega_{s,f}(\widetilde{Y}_{coal}, \widetilde{Y}_{O_2}, \widetilde{T}) \tag{2.42}$$

式中,$\omega_{s,f}(\widetilde{Y}_{coal}, \widetilde{Y}_{O_2}, \widetilde{T})$ 是以式(2.41)为基础的密度权变量的函数,即

$$\omega_{s,f}(\widetilde{Y}_{coal}, \widetilde{Y}_{O_2}, \widetilde{T})$$

$$= \begin{cases} \dfrac{4.4E-6}{L_{sp}} \rho^2 \widetilde{Y}_{coal} \widetilde{T}^{2.25} \exp\left(-\dfrac{2000}{T}\right), & 0 \leqslant \widetilde{Y}_{coal} - \dfrac{\widetilde{Y}_{O_2}}{s} \leqslant \dfrac{1.5 Y_{O_2}^0}{s} \\ 0, & \text{其他} \end{cases} \tag{2.43}$$

式中,k 与 EDC 燃烧模型中的 γx 相似,是各部分反应区的总质量分数。

$$k = \frac{\tau_{c,s}}{\tau_{c,s} + \tau_{mix}} \tag{2.44}$$

式中,$\tau_{c,s}$ 和 τ_{mix} 分别表示碳烟形成的化学时间尺度和湍流混合时间尺度[148]。

$$\tau_{c,s} = C_{sp} L_{sp} \tag{2.45}$$

$$\tau_{mix} = \sqrt{\tau_l \tau_\eta} = \sqrt{\left(\frac{\upsilon}{\varepsilon}\right)^{1/2} \left(\frac{k}{\varepsilon}\right)} \tag{2.46}$$

式中，$\varepsilon \approx \sqrt{\dfrac{2}{3}} C_{D1} \dfrac{k_{SGS}^{3/2}}{\Delta} + \dfrac{2}{9} C_{D2} \upsilon \dfrac{k_{SGS}}{\Delta^2}$，$k = \left(\dfrac{3}{2 C_{D1}^2}\right)^{1/3} (\varepsilon L')^{2/3}$。

对于碳烟氧化模型，碳烟氧化速率应该根据碳烟质量分数确定，基础反应假设如下：

$$C_x H_y(s) + \left(x + \dfrac{y}{4}\right) O_2 \rightarrow x CO_2 + \dfrac{y}{2} H_2O - \Delta h_{c,s}$$

由于上述化学式与 EDC 燃烧模型中的全局单步动力学非常相似，因此可以借用 EDC 燃烧模型的过滤反应速率来表达碳烟氧化速率。

$$\bar{\omega}_{s,o} = \begin{cases} \bar{\rho} \widetilde{Y}_s \dot{m} \cdot \dfrac{\gamma x}{1 - \gamma x}, & \widetilde{Y}_{coal} - \dfrac{\widetilde{Y}_{o_2}}{s} \leqslant 0 \ \text{and} \ \widetilde{T} \geqslant 1300\text{K} \\ 0, & \text{其他} \end{cases} \quad (2.47)$$

2.3.4 辐射模型

目前主要的辐射模型包括离散传播（DT）辐射模型、基于球形谐波法的 P1 辐射模型、罗斯兰德（Rosseland）辐射模型、表面（S2S）辐射模型、离散坐标（DOM）辐射模型[149]，在 OpenFOAM 数值软件中，主要有两个辐射模型：P1 辐射模型和 DOM 辐射模型。

P1 模型是 PN 模型中最简单的一类，其基本思想是通过求解一个辐射输运方程，将所得的辐射热量直接带入能量方程的源项。

DOM 模型的基本思想是对辐射的方位变化进行离散化处理，通过求解覆盖整个 4π 空间角的一套离散方向上的辐射输运方程而得到问题的解。空间中某一位置的 4π 空间角的每个象限被分割成 $N_\theta \times N_\varphi$ 个辐射立体角方向，θ、φ 分别为经/纬度角，有多少个立体角方向，DOM 模型就求解多少个输运方程。

辐射传热的中心内容是辐射传播方程（RTE），RTE 也是研究辐射能量在介质空间中传播的重要基础，本书中，辐射吸收和发射系数的计算采用灰色气体模型[150-151]，该模型是一个微分-积分方程，对于具有吸收、发射、散射性质的介质，在位置 r、沿方向 s 的 RTE 表达式如式（2.48），其辐射过程如图 2.4 所示[152]。

$$\Delta \cdot [I(r,s)s] = -(\alpha + \sigma_s) I(r,s) + a n^2 \frac{\sigma T^4}{\pi} + \frac{\sigma_s}{4\pi} \int_0^{4\pi} I(r,s) \varphi(s,s') \text{d}\Omega'$$

$$(2.48)$$

式中，右端第一项为吸收/散射减弱项，第二项是考虑了折射的发射增强项，第三项为进入 s 方向的散射增强项。其中，r、s、s' 分别为位置矢量、方向矢量、散射矢量。s、α、n、σ_s 分别为沿程长度、吸收系数、折射率和散射系数。σ 为斯忒藩-玻尔兹曼常数。I、φ、Ω' 分别为辐射强度、散射相位函数和空间立体角。

该模型对光谱强度的辐射传递方程表达式[153]如下：

$$\Delta \cdot (I_\lambda(\boldsymbol{r}, \boldsymbol{s})\boldsymbol{s}) = -(\alpha_\lambda + \sigma_s)I_\lambda(\boldsymbol{r}, \boldsymbol{s}) + a_\lambda n^2 I_{b\lambda} + \frac{\sigma_s}{4\pi}\int_0^{4\pi} I_\lambda(\boldsymbol{r}, \boldsymbol{s})\varphi(\boldsymbol{s}, \boldsymbol{s})\mathrm{d}\Omega'$$

$$(2.49)$$

式中,λ 为辐射波长,α_λ 为光谱吸收系数,$I_{b\lambda}$ 为普朗克定律确定的黑体辐射强度。

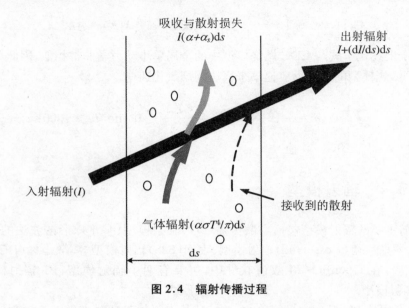

图 2.4　辐射传播过程

3　煤热解、燃烧及惰化特性实验研究

考虑煤的热解燃烧反应与其成分具有非常密切的关系,采集煤样进行工业分析和元素分析,同时对其热物性基本参数(密度、比热容、导热系数和燃烧热等)进行测定。设计纯 N_2 氛围条件下,5 ℃/min、10 ℃/min、20 ℃/min、30 ℃/min、40 ℃/min 以及 50 ℃/min 六组升温速率条件下的煤热重实验,并结合 TG 和 DTG 曲线对煤的热解反应情况进行研究。采用程序升温实验装置进行 0.7 ℃/min 升温速率条件下的煤氧化升温实验,氧化终温为 200 ℃,同时,设计实施低温氧化的惰化特性实验,重点研究煤在不同惰化气体(N_2 和 CO_2)及不同惰化浓度(氧浓度指标为 21%、18.4%、15.8% 以及 13.1%)条件下煤的氧化特性。考虑目前大部分煤氧化升温实验中煤未被点燃的实际,借助锥形量热仪,制备 10 cm×10 cm×1 cm 原煤试样,研究煤在不同外加辐射热源(20 kW/m²、35 kW/m²、50 kW/m²)条件下的燃烧特性。

3.1　煤成分分析与热物性参数测定

3.1.1　煤工业分析与元素分析

煤的热解及燃烧特性与其成分具有非常重要的关系,通过煤样的工业分析和元素分析可以确定煤的基本组成,了解煤的化学成分和使用性质。本书严格依照《商品煤样人工采取方法》(GB/T 475—2008)、《煤的工业分析方法》(GB/T 212—2008)以及《煤的元素分析方法》(GB/T 476—2001),采集原兖矿(现归属山东能源集团)新疆矿业有限公司硫黄沟煤矿(9-15)06 综放工作面煤样,并进行煤样的工业分析和元素分析,后续实验中煤样均来自此工作面。

煤的工业分析是了解煤质特性的主要指标,也是评价煤质的基本依据,主要包括煤的水分(M)、灰分(A)、挥发分(V)和固定碳(Fc)四个分析指标。

1. 水分测定

采用空气干燥法称取一定量的煤样,置于 105~110 ℃干燥箱内,于空气流中干燥到质量恒定,根据煤样的质量损失计算出水分的质量分数。

2. 灰分测定

在预先灼烧至质量恒定的灰皿中,称取粒度小于 0.2 mm 的煤样(1±0.1) g,精确度为 ±0.0002 g,均匀地摊平在灰皿中。在不少于 30 min 的时间内将炉温缓慢升至 500 ℃,并在此温度下保持 30 min。继续升温到(815±10)℃,并在此温度下灼烧 1 h。从炉中取出灰皿,放在耐热瓷板或石棉板上,在空气中冷却 5 min 左右,移入干燥器中冷却至室温后称量。

3. 挥发分测定及固定碳计算

称取粒度小于 0.2 mm 的煤样(1±0.1) g,精确度为 ±0.0002 g,放在预先于 900 ℃温度下灼烧至质量恒定的带盖瓷坩埚中,在(900±10)℃的马弗炉内隔绝空气加热 7 min。从炉中取出坩埚,放在空气中冷却 5 min 左右,移入干燥器中冷却至室温(约 20 min)后称量,以减少的质量占煤样质量的质量分数,减去该煤样的水分含量作为煤样的挥发分。

4. 元素自动分析

采用德国 Elementar 公司生产的 Vario EL Ⅲ 型元素分析仪,按照国家标准对煤样进行自动化元素分析,其中 O 元素根据其他元素分析结果进行差值计算而来,最终测得煤工业分析与元素分析结果见表 3.1。

表 3.1　煤工业分析与元素分析结果

烟煤参数	工业分析				元素分析					
	水分	灰分	挥发分	固定碳	C	H	O	N	S	
含量	6.06%	9.33%	30.39%	54.22%	67.85%	4.076%	26.633%	0.758%	0.683%	

3.1.2　煤热物性基础参数测定

1. 密度

密度的测量采用质量体积法,原煤试件样品切割为规则的尺寸:10 cm × 0.1 cm×1 cm,具体切割方法见 3.4 节。共测量 6 组不同的煤块,得到煤块的平均密度为 1.295 g/cm^3。

2. 比热容

采用德国耐驰生产的差示扫描量热仪 DSC 204S 对烟煤比热容进行了测试,测试过程中煤样加热速率为 10 ℃/min,煤样样品量为 20 mg,高纯 N_2 流量为 20 mL/min。共进行了 5 组测试,取其平均值,最终测得煤比热容为 1.03 kJ/(kg·℃)。

3. 导热系数

采用瑞典 Hot Disk 公司基于瞬变平面热源技术(TPS)开发研制的导热系数仪对煤导热系数进行测定。目前,TPS 技术被全世界众多实验室的研究人员所采用,该设备导热系数范围为 0.005~20 W/(mm·℃),温度范围为 10~1000 K,精度为 ±3%,探头尺寸为 2~29.40 mm,共进行了 3 次测定试验,取其平均值,最终得到煤的导热系数为 0.285 W/(mm·℃)。

4. 燃烧热

采用德国 IKA 公司生产的 C6000 全能氧弹量热仪对煤的燃烧热进行测定,该量热仪有三种模式可选择:绝热模式、等温模式、动态模式。由于采用了球面氧弹头,氧弹内壁的厚度大幅度减小,从而可以保证更加良好的热传递效果,相应地缩短了测试时间,最终得到煤样的燃烧热为 27.93 kJ/g。

3.2 不同升温速率下煤热重实验

热重实验(TG)是在程序控温条件下,测量物质质量变化与温度关系的一种实验,一般情况可分为两类:非等温热重法(动态热重法)和等温热重法(静态热重法)。非等温热重法是从低温或者室温条件下开始升温,样品在各温度下的重量被连续记录下来;等温热重法则在试样达到等温条件之前的升温过程中往往已发生了不可忽视的反应,它必将影响测量结果,本书实验采用非等温热重法。

3.2.1 实验仪器及方案

本次热重实验采用美国 TA 仪器公司研发的 TA Q55 热分析仪,其温升范围为室温至 1000 ℃,温度准确度为 ±1 ℃,温度精密度为 ±0.1 ℃,升温速率在 0.1~100 ℃/min 内可控,称重范围为 0~1000 mg,精确度为 ±0.01%,灵敏度为 0.1 μg,是目前国际上顶级的热重分析仪,实物如图 3.1 所示。

为保证煤样充分反应,得到最佳惰化条件下的热解效果,在实验室将煤样研磨至粒径小于 74 μm(200 目)。采用非等温(动态)热重法,温度由室温(约 30 ℃)升温到 1000 ℃,平衡气体为 40 mL/min N_2,实验样气为 100 mL/min N_2,升温速率分别为 5 ℃/min、10 ℃/min、20 ℃/min、30 ℃/min、40 ℃/min、50 ℃/min,每组实验样品量控制在 12±0.1 mg。

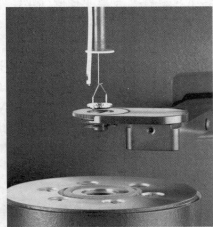

图 3.1　TA Q55 热分析仪

3.2.2　煤热重实验结果及分析

针对每个方案分别进行了 3～5 组实验,确保了热重实验的可重复性以及实验结果的可靠性,本书绘制了 6 种不同升温速率下的热失重曲线(TG)及热失重速率曲线(DTG),如图 3.2～图 3.7 所示。

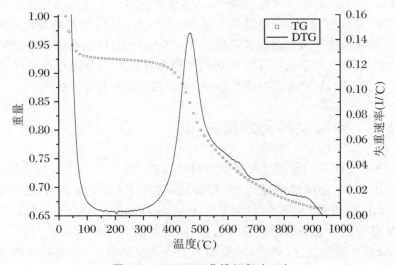

图 3.2　TG、DTG 曲线(5 ℃/min)

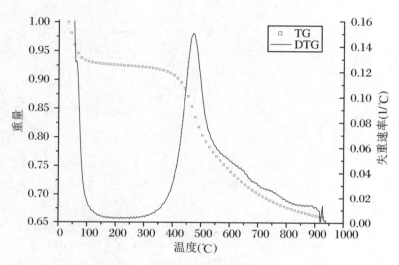

图 3.3　TG、DTG 曲线(10 ℃/min)

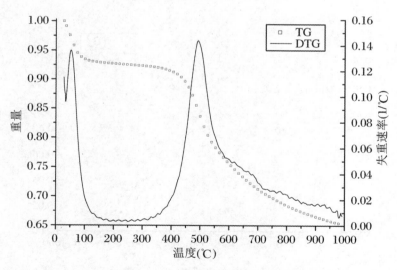

图 3.4　TG、DTG 曲线(20 ℃/min)

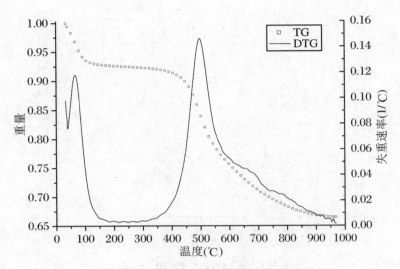

图 3.5　TG、DTG 曲线(30 ℃/min)

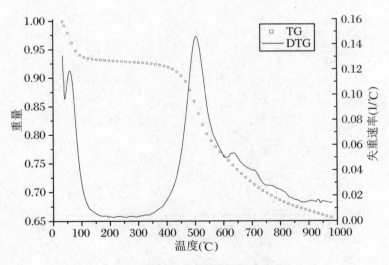

图 3.6　TG、DTG 曲线(40 ℃/min)

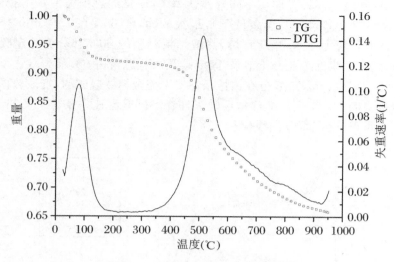

图 3.7　TG、DTG 曲线(50 ℃/min)

根据不同升温速率下的 TG 及 DTG 曲线可知,相同粒度煤样在不同温度条件下的热分析曲线呈现出较强的规律性。根据实验结果,煤的热解大致可以分为以下三个阶段:

第一阶段为水分干燥及吸附气体解吸过程,从初温到大约 200 ℃,TG 曲线迅速下降,DTG 曲线出现较大峰值。该过程中,大量的水分(一般为 120 ℃之前完成)以及原始吸附气体(主要为 CH_4、CO_2 和 N_2,一般为 200 ℃之前完成)逸散。第一反应阶段过后,煤样失重率区间为 7.114%～7.993%,其中绝大部分为水分。

第二阶段为主要热解过程,此阶段温度范围为 200～600 ℃,这个过程先是热失重速率缓慢发展,然后再次出现热失重速率峰值(出现在 450～550 ℃)。对于烟煤来说,当温度超过 200 ℃时,初始热解过程开始,原始分子结构发生较为有限的热作用(主要表现为缩合反应)。随后发生煤体的活泼分解,主要为解聚和分解反应,该过程生成大量的挥发分(煤气)和焦油,约 450 ℃时排出的焦油量最大,在 450～550 ℃时气体析出量最多。烟煤在约 350 ℃时开始软化,然后发生熔融、黏结,550～600 ℃时生成半焦。相关研究表明,煤在本阶段经历了软化、熔融、流动膨胀直到再固化多个过程,且各过程均有交叉,以致出现一系列的特殊现象,并形成气、液、固三相共存的胶质体[154,155]。

第三阶段为二次脱气阶段[156],此阶段温度范围为 600～1000 ℃。在这一阶段,热失重和热失重速率发展逐步变缓,当温度超过 600 ℃后,半焦逐步变成焦炭,此时以缩聚反应为主,析出的焦油量较少,二次脱气的挥发分中主要成分是 H_2,少量的 CH_4 和 C 的氧化物。此外,焦炭本身的密度比较大,该过程煤的体积收缩,煤粒产生很多微细小裂纹。

对比分析不同升温速率下煤的 TG 曲线,呈现出如图 3.8 所示的结果。由该图可知,相同粒度的同种煤样在不同升温速率下,质量的总损失率基本相同,最小的为 33.54%(30 ℃/min 升温条件下),最大的为 34.66%(20 ℃/min 升温条件下),由于实验环境为纯 N_2 惰化环境,热解结束剩余的 66% 部分为固定碳及灰分等,此数值略大于煤的工业分析结果(固定碳及灰分总量占 63.55%),这是由于实验环境差异,部分水分及挥发分在惰性条件下未完全释放造成的,且该数据结果是完全可以接受的。为了更加准确地反映煤样在不同升温速率条件下的热解特性,下面本书将重点分析 DTG 曲线(图 3.9)。

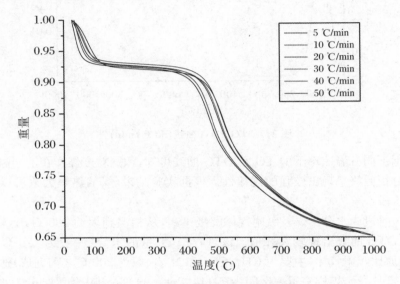

图 3.8　不同升温速率下的 TG 曲线

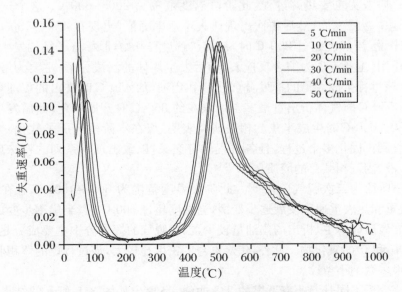

图 3.9　不同升温速率下的 DTG 曲线

由图 3.9 可知,在不同升温速率条件下,煤样的 DTG 曲线呈现出较为一致的规律。DTG 曲线上第一个极小值点出现在 30～45 ℃。该点处,煤中吸附气体与解吸气体达到相对平衡状态,此后,煤质量损失速率开始升高,失重速率达到第一个极大值,极大值区间在 60～80 ℃。随着温度的不断升高,水分不断蒸发,煤质量迅速减少,失重速率也最大。当温度达到 180 ℃时,煤发生干裂,煤中的稠环芳香体系桥键等官能团发生断裂[157, 158],开始释放出 C_1-C_3 的烷烃及烯烃类产物。该阶段气体吸附能力也大幅增加,吸附的气体与释放的挥发分气体基本维持平衡状态,煤整体重量保持不变。当温度超过约 300 ℃时,表征质量重新开始减小,并且失重速率越来越大,随后在 450～530 ℃,出现失重速率的极大值,非常明显的是,该阶段不同升温速率对达到极大值的温度有较好的相关性。当升温速率为 5 ℃/min 时,极大值点温度为 467.54 ℃;当升温速率为 10 ℃/min 时,极大值点温度为 473.46 ℃;当升温速率为 20 ℃/min 时,极大值点温度为 492.58 ℃;当升温速率为 30 ℃/min 时,极大值点温度为 497.75 ℃;当升温速率为 40 ℃/min 时,极大值点温度为 504.36 ℃;当升温速率为 50 ℃/min 时,极大值点温度为 511.32 ℃。由此可见,升温速率越小,热失重速率曲线极大值点出现的温度越低,升温速率越大,极大值点出现的温度越高。同时,该峰的积分值基本相同,煤在该阶段的失重率也是基本相同的。当温度继续升高到 600 ℃以上时,会有较小的峰值产生。考虑本书所构建的煤热解模型的适用性与对应性,此处不再具体分析煤的详细的化学反应过程,仅作为普通热失重过程处理。

3.3　煤氧化升温及惰化特性实验

3.3.1　程序升温实验装置

程序升温实验装置如图 3.10 所示。

程序升温实验装置主要分三部分:(a)供气系统、(b)程序升温实验炉、(c)气体浓度检测系统。实验室气源主要由标准气体压力罐以及 QPT-300G 系列氮氢空一体机分别提供实验气体和载气。程序升温实验炉是在 ZRD-Ⅰ型煤自燃倾向性氧化动力学测定仪基础上改装得来的,内设有 1200 W 的加热器,其加热功率由计算机程序控制;内装 1400 r/min 的电扇,以保证炉中空气温度的均匀,控温精度为 ±0.1 ℃。煤样罐采用聚四氟乙烯密封材料,能耐 350 ℃以上的高温,并在其内部装有精密铂电阻感温元件监测样品温度及炉温,最大装煤量为 40 g,最佳装煤量为 20 g。在煤样罐顶部装有管路,当气体进入气体浓度检测系统时,进行浓度分析;

气体浓度检测系统主要由北京东西分析气相色谱仪 GC-4000A 组成,实验完成后可实现对测定数据的自动分析和保存。

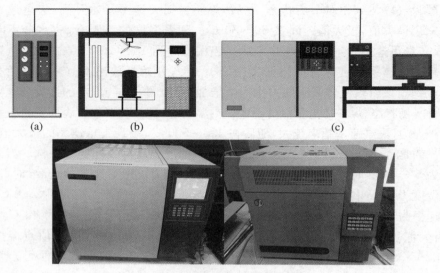

图 3.10　程序升温实验装置

将(9-15)06 工作面新鲜煤样在常温下进行迅速破碎,防止样品在空气中的时间过长、吸氧量增加,筛分 40～80 目、80～120 目、120～160 目、160～200 目范围煤粉,等比例均匀混合成混合煤样。将筛选出的样品放在密闭容器中,上覆干燥剂进行除水,确保干燥剂不与样品接触,干燥时间为 5 h。将干燥后的煤样分装成 7 份,每份 20 g,进行不同气体氛围下的低温氧化实验,升温速率恒定为 0.7 ℃/min,实验参数如表 3.2 所示,Air 为纯空气条件,N 为 N_2 惰化条件,C 为 CO_2 惰化条件。每隔煤样升温 10 ℃,利用气样色谱仪检测其中气体(CO、CO_2 以及 C_2-C_3 烷烯烃类气体等)浓度,在升温氧化后期阶段,因煤自热反应,温度升高过快,取样间隔温度稍微大一些。每一组实验进行两次,分析两次的温升及气体释放结果,若趋势相同,结果相差较小,则证明实验有效,取其中一组实验作为最终结果。

表 3.2　煤氧化升温及惰化实验参数

低温氧化方案	空气流量(mL/min)	惰气流量(mL/min)	氧气体积分数
Air	80	0	21%
N-1	70	10	18.4%
N-2	60	20	15.8%
N-3	50	30	13.1%
C-1	70	10	18.4%
C-2	60	20	15.8%
C-3	50	30	13.1%

3.3.2　煤样升温速率分析

温度对煤的自燃有着非常重要的影响,煤温的升高会加速煤氧复合反应进程,促进 CO、CO_2、烷烯烃等氧化产物的生成;同时,煤温也是煤氧化的最直观的表征,在 N_2 和 CO_2 惰化条件下,煤样升温情况分别如图 3.11、图 3.12 所示。

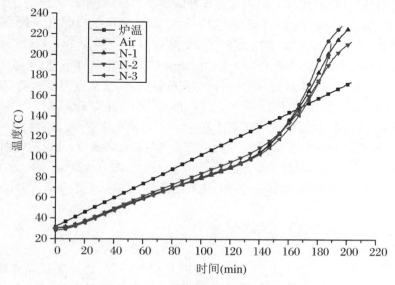

图 3.11　N_2 环境下煤氧化升温曲线

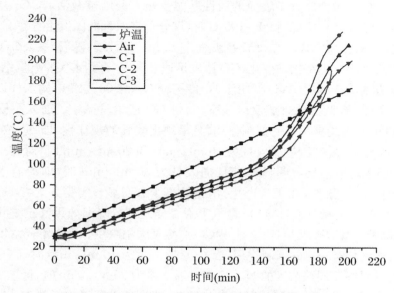

图 3.12　CO_2 环境下煤氧化升温曲线

煤的程序升温过程大致分为两个阶段,初始缓慢升温阶段和快速升温阶段。在初始缓慢升温阶段,煤样温度始终低于煤样罐体温度。一般情况下,惰性气体体积分数越高,温升速率越小,这从温度角度解释了,惰性气体对煤的氧化有一定的作用。

当温度达到一定值之后,煤样开始迅速升温,进入第二个阶段,且由于快速升温的起始点不同,因此 O_2 浓度越高,越早进入快速升温阶段。同时,所有煤样在该阶段存在交叉点温度,即此时煤样温度首次达到周围环境温度,如果在该时间节点之前不进行快速降温,煤样温度将超过煤样罐温度,自热效果越来越明显。根据图3.12 中的曲线可知,纯空气环境条件下交叉点温度为 146 ℃,10 mL/min、20 mL/min、30 mL/min N_2 惰化条件下,交叉点温度分别为 147.6 ℃、148.9 ℃、151.3 ℃;10 mL/min、20 mL/min、30 mL/min CO_2 惰化条件下,交叉点温度分别为 150.8 ℃、155.2 ℃、159 ℃,惰化气体体积分数越高,交叉点温度越高,从而导致煤氧化性越弱。在快速升温阶段后期,即温度接近 200 ℃ 时,纯空气以及10 mL/min、20 mL/min 惰性气体条件下,温度上升速率放缓,而 30 mL/min 惰性气体条件下,温度上升速率增快,主要是由于交叉点温度较高所致,这也从侧面反映,高浓度惰气条件下对煤的低温阶段具有较好的抑制作用,而对于高温阶段,效果并不如意。因此,惰气在抑制煤自燃的研究中,主要考虑的是防火过程,并非灭火过程。

3.3.3　CO、CO_2 气体分析

CO 是含碳物质低温氧化过程中主要的指标气体,可直接表征煤氧化反应的剧烈程度。由图 3.13 可知,在纯空气环境中,随着温度的升高,CO 在 60 ℃ 开始释放,缓慢发展,此过程煤分子表面的活性基团受热力原因被激活,与 O_2 复合产生CO;当温度持续升高一直到 90~100 ℃ 时,煤分子表面官能团发生分解和断裂,与O_2 复合发生氧化反应,CO 浓度开始快速升高,并持续发展;随后,煤大分子结构中易断裂的交联键发生结构性变化,CO 浓度迅速升高,一直到本实验升温结束。

实验方案 N-1、N-2、N-3 中,由于 N_2 能稀释 O_2,与 O_2 竞争吸附煤样以及具有部分降温效果,降低了煤自燃反应速率,使得 CO 产生量减小。通入不同浓度的N_2 对 CO 的产生均有一定的抑制作用,且呈现出较强的规律性,即 N_2 浓度越高,CO 产生浓度越低。当 N_2 通入量为 10 mL/min 和 20 mL/min 时,对煤氧化有抑制作用,但是效果不足够明显;当 N_2 通入量为 30 mL/min 时,即便温度上升到200 ℃ 以上,也仅有少量的 CO 产生,惰化效果十分明显。实验方案 C-1、C-2、C-3中,由于 CO_2 具有稀释 O_2、与 O_2 竞争吸附煤样及部分降温效果甚至是化学抑制的作用,降低了煤自燃反应速率,使得 CO 产生量大幅减小。通入不同浓度的 CO_2对 CO 的产生均有一定的抑制作用,当 CO_2 通入量为 10 mL/min 时,CO_2 抑制煤低温氧化效果高于同等浓度的 N_2;当 CO_2 通入量为 20 mL/min 时,低于 170 ℃ 的情况下,CO_2 浓度越高,抑制效果越好,且抑制效果高于同等浓度的 N_2,但是当温

度超过 170 ℃时,这种优势便不存在了;当 CO_2 通入量高于 30 mL/min 时,随着温度的升高,未有煤自燃的明显迹象,惰化效果十分明显。对比 N_2 与 CO_2 的抑制 CO 产出效果,可见 CO_2 具有更好的惰化效果。

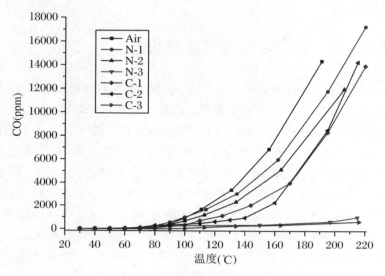

图 3.13　CO 浓度曲线

CO_2 产生情况也可表征煤氧化反应的剧烈程度,由于 C-1、C-2、C-3 方案通入的是较高浓度的 CO_2,在色谱仪分析过程中,求解因升温氧化产生的 CO_2 量误差较大,此处不再分析。由图 3.14 可知,本实验中,通入不同量的 N_2,产生 CO_2 的趋

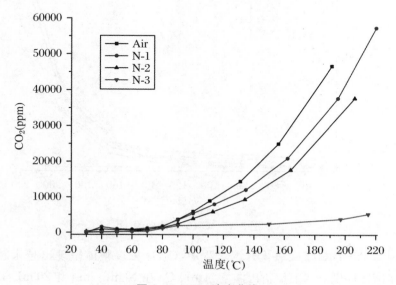

图 3.14　CO_2 浓度曲线

势与 CO 产生趋势相似度极高,N₂ 对煤自燃氧化过程中 CO₂ 产生速率均有不同程度的抑制作用,N₂ 浓度越高,抑制效果越明显;当 N₂ 通入量为 30 mL/min 时,即便温度上升到 200 ℃以上,从 CO₂ 产出情况来看,仍然未有煤自燃的明显迹象,惰化效果十分明显。

3.3.4　C₂-C₃ 烷烯烃类气体分析

如图 3.15 所示,在煤氧化升温过程中,C_2H_4 浓度呈现越来越高的趋势,当达到 160 ℃时,除 N-3 方案外,均呈指数形式增高。在非惰化环境下,C_2H_4 析出温度为 90 ℃;在 10 mL/min 和 20 mL/min 流量 N₂ 惰化条件下,C_2H_4 析出温度约为 110 ℃;在 30 mL/min 流量 N₂ 惰化条件下,只有在温度达到 215 ℃时才能检测到 C_2H_4,且呈现出惰气浓度越高,C_2H_4 浓度越低的总趋势,由此可见,N₂ 的注入抑制了 C_2H_4 气体的析出。与此不同的是,在本次试验中发现,在 CO₂ 惰化实验中,C_2H_4 的析出温度大幅度降低,当 CO₂ 注入量为 10 mL/min 时,C_2H_4 析出温度约为 70 ℃;当 CO₂ 注入量为 20 mL/min 时,C_2H_4 析出温度约为 60 ℃;当 CO₂ 注入量为 30 mL/min 时,C_2H_4 析出温度约为 50 ℃。随着 CO₂ 浓度的升高,C_2H_4 的析出温度越来越低,但是析出量基本保持相同的水平。

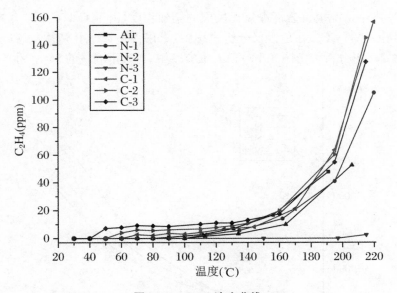

图 3.15　C₂H₄ 浓度曲线

如图 3.16 所示,在煤氧化升温过程中,C_2H_6 浓度整体呈现出越来越高的趋势。在非惰化环境下,C_2H_6 析出温度为 100 ℃;在 10 mL/min 和 20 mL/min 流量 N₂ 惰化条件下,C_2H_6 析出温度约为 110 ℃,这与 C_2H_4 的析出特征同步。在

30 mL/min流量 N_2 惰化条件下,C_2H_6 析出温度约为 150 ℃,比 C_2H_4 的析出提前了 60 ℃。N_2 浓度越高,C_2H_6 浓度越低,由此可见,N_2 的注入抑制了 C_2H_6 气体的析出,与 C_2H_4 的析出特征相似。在 CO_2 惰化实验中,C_2H_6 的析出温度也大幅度降低,当 CO_2 注入量为 10 mL/min 时,C_2H_6 析出温度约为 60 ℃;当 CO_2 注入量为 20 mL/min 和 30 mL/min 时,C_2H_6 析出温度均为 50 ℃。同时,在 CO_2 惰化条件下,C_2H_6 的析出并不是单调的,而是出现了温度升高,析出量不变,甚至是降低的现象。

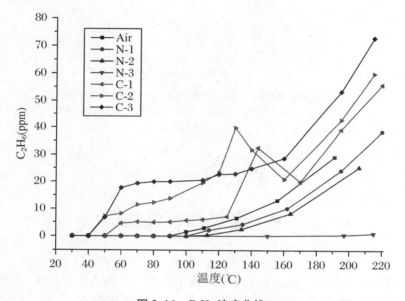

图 3.16 C_2H_6 浓度曲线

如图 3.17 所示,在非惰化环境下,C_3H_8 的析出温度为 90 ℃;在 10 mL/min、20 mL/min 以及 30 mL/min 流量 N_2 惰化条件下,C_3H_8 的析出温度分别为 134 ℃、113 ℃以及 197 ℃,N_2 浓度越高,C_3H_8 浓度越低,N_2 的注入抑制了 C_3H_8 气体的析出。在 CO_2 惰化实验中,在 10 mL/min、20 mL/min 以及 30 mL/min 流量 CO_2 惰化条件下,C_3H_8 的析出温度分别为 90 ℃、120 ℃以及 215 ℃,且 C_3H_8 的析出并不是单调的,而是出现了温度升高,析出量不变,甚至是降低的现象。总体来讲,在注入 CO_2 惰化实验中,C_3H_8 的析出量低于非惰化条件,尤其是当 CO_2 注入量为30 mL/min时,C_3H_8 析出量极少,因此可以认为,CO_2 的注入抑制了 C_3H_8 气体的析出。

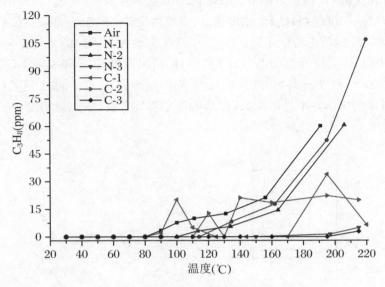

图 3.17 C_3H_8 浓度曲线

3.4   煤燃烧特性实验

从 20 世纪 80 年代开始,就有学者对煤氧化燃烧特性进行了研究,比较典型的是西安科技大学搭建并改装的 XK-VI 型煤自然发火试验台,以及目前国内高校和科研院所常用的程序升温试验台。前者为大尺度平台,最能反映煤的真实氧化特性,但是该类实验存在耗时耗力、可重复性差等缺点;后者为中尺度实验设备,多用于低温氧化的研究,煤在实验过程中未被点燃。此外,针对煤粉燃烧,还有各类流化床等实验设备,通过调研和对比分析,锥形量热仪(CONE)是目前能够表征煤燃烧特性最为理想的设备。在外加辐射条件下,其实验结果与大尺度火灾实验以及小尺度实验(如热重实验)均有较好的相关性[159]。本书为研究块状原煤的燃烧特性,故利用锥形量热仪进行不同辐射量条件下的煤燃烧实验。

3.4.1   实验设备及测量原理

本书实验使用的锥形量热仪主要由载物台(试件盛放装置带有高精度天平,可实时测量煤的质量变化情况)、燃烧室(主要包括加热装置以及相关的控制电路,通过控制钨丝的温度来调整辐射量)、烟测量系统(布置在通风管道中,包括氦氖激光发射器、伪双电子束测量装置和热电偶等装置)、气体分析仪(核心部件为非常精确的氧分析仪,通过耗氧量来计算热释放速率等参数)以及其他辅助装置构成,燃烧室如图 3.18 所示。

锥形量热仪实验的关键核心为热释放速率的测量。Huggett 研究[160]指出,材料(天然材料包括煤、石油、木材等,合成材料如塑料、橡胶等均适用)在燃烧过程中所消耗的 O_2 量与热释放量成正比,每消耗1 kg O_2 释放 13.1 kJ 热量。煤燃烧过程中热释放速率为

图 3.18　锥形量热仪燃烧室

$$\dot{Q} = E(\dot{m}_{O_2}^0 - \dot{m}_{O_2}) \qquad (3.1)$$

式中,$\dot{Q}$ 为煤热释放速率,$E = 13.1$ kJ/kg,$\dot{m}_{O_2}^0$ 为初始氧气质量流量,$\dot{m}_{O_2}$ 为燃烧后氧气的质量流量。

至此,热释放速率的测量转变为煤燃烧过程中氧气质量流量的测量。由于燃烧室是开放的,进入燃烧室的空气质量流量不易测量,排出的空气质量流量可根据排烟管道中的传感器测量。因此,本书引入耗氧因子 φ 来确定进入和排出的空气质量流量之间的关系,即

$$\varphi = \frac{X_{O_2}^0(1 - X_{CO_2} - X_{CO}) - X_{O_2}(1 - X_{CO_2}^0)}{(1 - X_{CO_2} - X_{CO} - X_{O_2})X_{O_2}^0} \qquad (3.2)$$

式中,X 为各组分的摩尔分数,带上标 0 的均为初始空气中各组分的摩尔分数,不带上标的为排出的空气中各组分摩尔分数。

在排烟管道中,假定所有的 CO 转化为 CO_2,在 CO 转化过程中

$$CO + \frac{1}{2}O_2 \rightarrow CO_2$$

$$\Delta\dot{m}_{O_2} = \frac{1}{2}(1 - \varphi)\frac{X_{CO}}{X_{O_2}}\frac{M_{O_2}}{M_{air}}X_{O_2}^0 \qquad (3.3)$$

式中,$\Delta\dot{m}_{O_2}$ 为 CO 全部转化为 CO_2 所需的氧气质量流量,M 为摩尔质量。

总的热释放速率可表示为

$$\dot{Q}_{tot} = E(\dot{m}_{O_2}^0 - \dot{m}_{O_2} + \Delta\dot{m}_{O_2}) \qquad (3.4)$$

$$\dot{Q} = \dot{Q}_{tot} - \dot{Q}_{cat} \qquad (3.5)$$

式中,$\dot{Q}_{cat}$ 为 CO 转化为 CO_2 所释放的热量,$\dot{Q}_{cat} = \Delta\dot{m}_{O_2}E_{CO}$,$E_{CO}$ 为 CO 在单位质量 O_2 下完全燃烧产生的热量,取值为 17.6 MJ/kg。

由式(3.2)～式(3.5)可得：

$$\dot{Q} = \dot{m}_{air} \frac{M_{O_2}}{M_{air}} X_{O_2}^0 \left[E\phi - (E_{CO} - E) \frac{1 - \phi}{2} \frac{X_{CO}}{X_{O_2}} \right] \qquad (3.6)$$

3.4.2　实验方案

采集兖矿新疆矿业有限公司硫黄沟煤矿(9-15)06综放工作面新鲜原煤大块煤样,如图3.19所示,利用数控切割设备,将初步处理好的原煤通过气动自动夹紧装置安装到位,设定好运行轨迹后进行切割,原煤尺寸约为 10 cm×10 cm×1 cm (边长略小于 100 m),安放到锥形量热仪进行实验。

图 3.19　原煤试样制作及安装

实验开始时依据 ISO 5660-1 标准,测试结束时依照 ISO 5660-1∶2002 标准,在温度为 29 ℃、相对湿度为 50%～55% 的环境下,设计五组热辐射通量实验[161-165]:20 kW/m²、35 kW/m²、50 kW/m²、65 kW/m²、80 kW/m²,由于原煤煤样在极高热辐射通量条件(≥65 kW/m²)下,煤燃烧反应剧烈,易发生崩裂情况,导致煤渣不断飞离试验台,造成实验数据有所偏差,因此,本实验选取低辐射通量 20 kW/m²、中等辐射通量 35 kW/m² 以及高辐射通量 50 kW/m² 三种实验进行重点分析。

根据实验过程和数据显示,在 20 kW/m² 的低热辐射通量条件下,实验产生的 CO 浓度极高,但未见有火焰产生,因此,认为该条件下煤发生了阴燃。在 35 kW/m² 和 50 kW/m² 两种热辐射通量的条件下,煤均发生了燃烧,且有明显的火焰产生。火焰发展过程及煤完全燃烧后如图3.20所示:(a)～(c)为煤的点燃阶段;(d)～(f)为煤剧烈燃烧阶段,该阶段火焰高度较高;(g)～(i)为微弱燃烧及燃尽阶段。

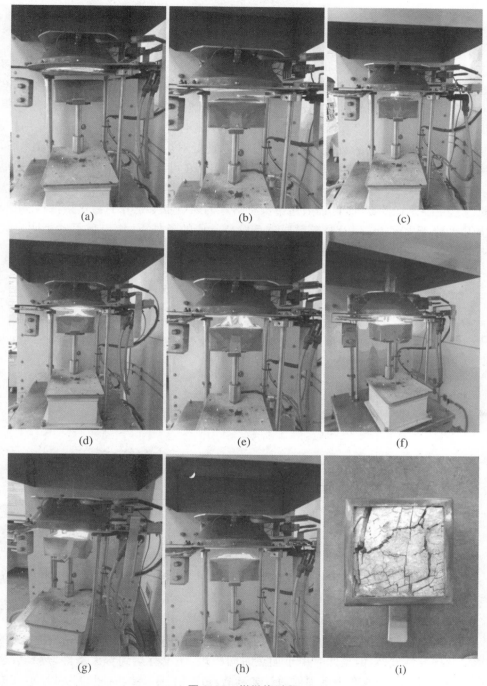

图 3.20 煤燃烧过程

3.4.3 热量释放结果分析

热释放速率(HRR)是指材料在预置的热辐射强度条件下,被点燃后单位面积的热量释放速率,是表征材料燃烧强度最重要的性能参数,单位是 kW/m^2,根据锥形量热仪测量原理可知,煤在被点燃过程中,耗氧量与热释放速率成正比,因此得到如图 3.21 和图 3.22 所示的结果。由于三种热辐射通量的原煤试件尺寸一样,同时为了便于与后面的数值模拟结果相对应,此处对热释放速率进行了等量换算,为整个 $0.1\,m×0.1\,m$ 面的热释放速率。从图 3.22 可以看出,前 2000 s 内,在低辐射通量 $20\,kW/m^2$ 条件下,未见有明显的热释放峰值,热释放速率基本呈线性增长。这主要是在此期间,低辐射通量没有给煤的燃烧带来充分的蓄热条件;在中等辐射通量 $35\,kW/m^2$ 以及高辐射通量 $50\,kW/m^2$ 的条件下,均出现了一个明显较大的峰,此时,热释放速率达到最大。

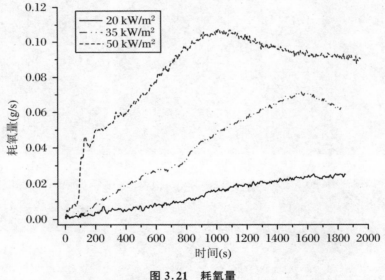

图 3.21 耗氧量

根据以上结果,结合燃烧表观现象,可以将外加辐射条件下煤的燃烧过程分为五个阶段:

(1)初始升温阶段

在外加辐射条件下,煤表面温度不断升高,发生相应的化学反应并产生少量的烟气及挥发性气体,但是此时由于加热时间较短,还没有达到着火条件,热释放速率缓慢发展。该阶段在中等辐射通量 $35\,kW/m^2$ 条件下持续时间约为 400 s,在高辐射通量 $50\,kW/m^2$ 条件下持续时间仅为 100 s。

（2）点燃阶段

随着外加辐射的持续加热，煤表面温度持续上升，且通过热传导作用传至整个煤块，此时，从表面到底部的煤都发生不同程度的热解反应，热释放速率快速增加，挥发性可燃气体积聚到一定程度后被点燃。该阶段在中等辐射通量 35 kW/m² 条件下显现时间为 400～650 s，在高辐射通量 50 kW/m² 条件下显现时间为 100～180 s，煤被点燃后，热释放速率曲线出现一个小幅度波动。

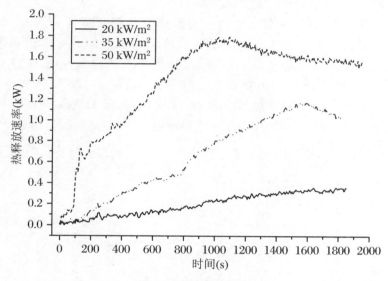

图 3.22　热释放速率

（3）过渡阶段

煤的持续热解及气相被点燃后，产生了较为明显的火焰，火焰的产生瞬间消耗了周围大量的 O_2 以及挥发性气体，这就导致热解产生的气体和 O_2 补给不及时，尤其是热解气体消耗量远大于产生量，火焰有个短期的变小的过程，从而导致热释放速率突然下降，并维持了一小段时间，该阶段在中等辐射通量 35 kW/m² 条件下持续时间约为 120 s，在高辐射通量 50 kW/m² 条件下持续时间仅为 30 s。

（4）剧烈燃烧阶段

除了外加辐射热量外，火焰也产生大量热量，热释放速率在小幅度下降后开始回升，整个煤体开始热分解燃烧，挥发性气体产生和燃烧也不断加剧，彼此影响促进，火焰开始变得愈加猛烈，热释放速率不断升高，直到达到峰值。在 35 kW/m² 辐射通量下，峰值达到时间为 1560 s；在 50 kW/m² 辐射通量下，峰值达到时间为 1088 s，提前了将近 500 s；可见，热辐射通量对煤的燃烧发展过程起着非常重要的作用。

（5）缓慢燃烧直到熄火阶段

当热释放速率达到较大峰值后，部分煤生成了煤焦，此阶段燃烧多局限在固相及近表面的燃烧,火焰逐渐变小直到熄灭,热释放速率开始下降,由于此过程时间较长,在实验结果中仅显示 2000 s。

此外,描述燃烧剧烈程度的另一个重要参数为最大热释放速率(HRRpeak)。在 20 kW/m² 辐射通量下,未达到峰值,前 2000 s 内最高为 0.36 kW;在 35 kW/m² 辐射通量下,峰值达到时间为 1560 s,最高为 1.17 kW;在 50 kW/m² 辐射通量下,峰值达到时间为 1088 s,最高为 1.85 kW。可见,热辐射通量越高,热释放速率峰值达到时间越早,且最大热释放速率越大。

总释放热(THR)是材料从燃烧开始到结束热释放量的参数,本书对前 2000 s 内的释放速率进行积分,得到的释放热结果如图 3.23 所示。截至 300 s,20 kW/m²、35 kW/m² 以及 50 kW/m² 辐射条件下热释放量分别为 12.9 kJ、28.1 kJ、158.2 kJ;截至 600 s,热释放量分别为 41.8 kJ、126 kJ、474.9 kJ;截至 1200 s,热释放量分别为 160 kJ、525.8 kJ、1452 kJ;截至 1800 s,热释放量分别为 348 kJ、1170.9 kJ、2423 kJ。在一定热辐射通量范围内,热辐射通量越高,煤燃烧所释放的热量也越高。

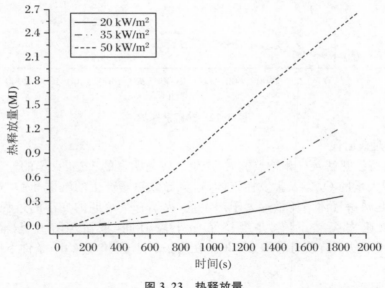

图 3.23　热释放量

3.4.4　烟气释放结果分析

利用锥形量热仪中的烟气测量系统测试实验过程中烟气的光密度,能够获得烟气释放情况,同时根据气体浓度测试装置测定生成物中 CO、CO_2 等的生成量。

烟气释放情况并不是直接测定得到的,而是首先引入比消光面积(SEA)的概念,该参数定义为挥发单位质量的燃料所产生的烟量,通过光感原件换算得来,是计算生烟量时的转换因子[166]。生烟量可由时间对生烟速率积分得到,根据测量和计算,得到 20 kW/m²、35 kW/m² 以及 50 kW/m² 辐射条件下的生烟量如图 3.24 所示。

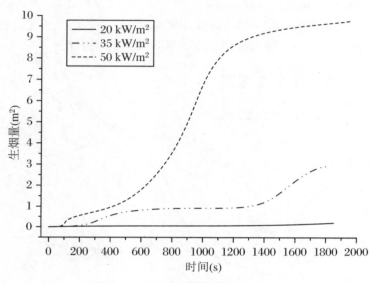

图 3.24　生烟量

　　根据图 3.24 可知,在 20 kW/m² 热辐射条件下,由于煤在前 2000 s 内未被点燃,因此生烟速率极低,直到 1800 s 时,生烟总量仅为 0.17 m²;在 35 kW/m² 热辐射条件下,生烟量在 200～500 s 以及 1400 s 之后有较大的上升,截至 1800 s 时,生烟总量为 2.9 m²;在 50 kW/m² 热辐射条件下,生烟量在 90～140 s 以及 600 s 之后有较大的上升,截至 1800 s 时,生烟总量为 9.63 m²。由此可见,在煤即将点燃阶段以及剧烈燃烧阶段,生烟量有较大幅度的升高,且随着热辐射强度的增大,生烟总量也越来越大。

　　煤燃烧过程产生的最为常见的有毒有害气体是 CO 和 CO_2,图 3.25 和图 3.26 分别给出了不同辐射条件下烟气中 CO 和 CO_2 的产生速率。在 20 kW/m² 热辐射条件下,由于煤均处于未点燃的状态,CO 和 CO_2 产生速率逐渐升高,当达到 800 s 时,固体煤块阴燃现象产生,CO 产生速率急剧上升,最终最高可达到 0.00655 g/s,CO_2 产生速率在增加后发展稍有平稳,最高值为 0.01839 g/s。对比其他辐射条件下各气体产率可知,煤缓慢氧化的阴燃过程其燃烧极不充分。在 35 kW/m² 热辐射条件下,CO 生成速率出现了先增加后减小的趋势,在 775 s 时,即煤被点燃之后,CO 产生速率达到最高值为 0.005 g/s,随后急剧下降;CO_2 产生速率在此之前缓慢增长,当到达 775 s 后,急剧增长,一直持续到 1550 s,达到最高值为 0.04479 g/s,两种气体的产生出现了"此消彼长"的情况。在 50 kW/m² 热辐射条件下,CO 生成速率呈现出快速增长后平稳一段时间再开始下降的趋势,CO_2 产生速率有同样的趋势,当达到 965 s 时,达到最高值为 0.05366 g/s。对比不同辐射条件下的 CO 产生速率曲线可知，辐射热量越小，即煤被点燃的时间越长，产生 CO 的量也就越多，如果煤一直处于阴燃的状态，其产生的 CO 量将非常巨大。将 CO 产生速率、CO_2 产生速率与热释放速率进行对比，可以发现，CO_2 产生速率与热释放速率曲线出现了趋势及时间的一致性，由此说明，CO_2 的产生情况更能反映煤的燃烧阶段。同时，CO 的产生情况更能反映煤的燃烧充分情况。

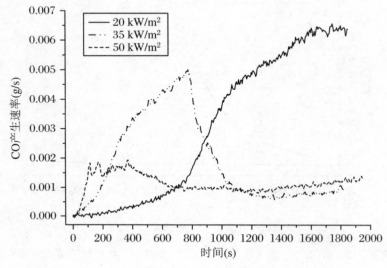

图 3.25　CO 产生速率

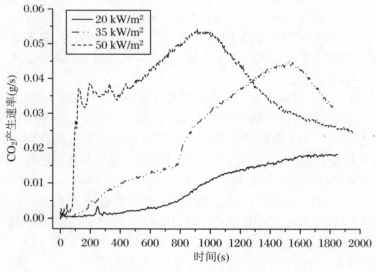

图 3.26　CO_2 产生速率

4 煤燃烧及惰化特性数值模拟研究

基于 OpenFOAM 平台,依托自带的 fireFOAM 求解器,将煤热解模型以及煤燃烧模型耦合,建立适用于煤燃烧的新型求解器 coalfireFOAM,对 35 kW/m² 热通量条件下的锥形量热仪实验进行数值模拟,从而验证煤热解模型以及煤燃烧模型的有效性、完整性和准确性。数值模拟过程中,所需基本物理参数通过实验的方法获得,其化学反应动力学参数则依靠 GA 优化算法进行求解。最后依托新型求解器 coalfireFOAM,更改煤燃烧的气相氛围,对煤在 N_2 以及 CO_2 双重惰化条件下的燃烧特性进行研究。

4.1 OpenFOAM 软件及优势

FOAM(Field Operation and Manipulation),是 Hrvoje Jasak 在 Imperial College London 机械工程系读博士期间所写,后来对源代码进行了开发并命名为 OpenFOAM(Open Source Field Operation and Manipulation),该软件实质和核心就是一个可以对连续介质力学问题进行数值计算的面向对象的计算流体力学类 C++库,其具有非常高效的偏微分方程求解模块。

计算流体力学类 C++库,主要用于创建可执行文件,可执行文件一般分为求解器和实用程序,求解器用于解决连续流体力学中的特定问题,实用程序则旨在执行涉及数据操作的任务。OpenFOAM 提供前处理和后处理功能,前处理和后处理的接口就是可执行文件的实用程序,可以确保跨环境条件下的数据一致性处理。OpenFOAM 的整体结构如图 4.1 所示。

由图 4.1 可以看出,OpenFOAM 主要包括前处理、求解器和后处理三大块。

前处理程序主要包括模型网格生成设置初始和边界条件、设置模型参数、对离散化方法以及求解器进行设置等。其自带的 FOAMX 管理器可以进行管理算例、修改模型数据、设置初始和边界条件等。

求解器是 OpenFOAM 最外层的代码,是求解运算的核心层,主要包括标准求解器和用户编译求解器。本书的基础平台求解器是 fireFoam,该求解器是由 FM Global 公司基于大涡模拟针对燃烧模拟而开发的,它包含了大量的与流体力学、热力学和燃烧相关的物理模型,常用于湍流燃烧的瞬态 PIMPLE 求解器。本书就是依托自带的 fireFOAM 求解器,将煤热解模型以及煤燃烧模型耦合,建立适用于煤的新型求解器 coalfireFOAM。

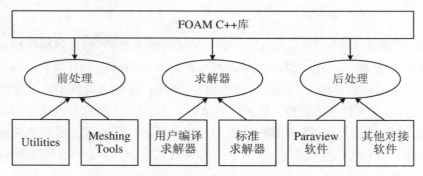

图 4.1　OpenFOAM 整体结构图

OpenFOAM 后处理方式有两种,一种是通过自带的后处理软件 Paraview 进行,另一种是通过其他可对接的后处理软件进行。本书后处理过程是通过 OpenFOAM 终端 paraFOAM 调用 Paraview 进行的。

OpenFOAM 软件架构设计非常优越,可以针对不同类问题编写不同的求解程序,改变了其他非开源商业软件修改困难的问题,因此受到全世界各行业科研工作者的青睐,其优势主要表现在以下几个方面[167,168]:

① OpenFOAM 软件高效灵活的 C++模块可以二次开发大量的求解和处理工具。

② 完全面向对象的 C++库非常方便代码的维护和开发,并且有理由提高代码的重复使用效率,该软件利用 C++的运算符重载功能,简化了顶层代码对偏微分方程的描述。

③ 可以划分任意的多面体型非结构化网格和结构化网格,从而可以保证计算结果更加精确。

④ 支持强大的并行计算功能,可以大大提高计算效率,缩短计算时间。

⑤具有强大的前处理和后处理应用程序库。

4.2 基于 GA 优化算法的动力学参数求解

由第 2 章所建立的煤热解模型及燃烧模型可知,在煤燃烧数值模拟过程中,需对其化学反应动力学参数(包括活化能、指前因子、反应级数等)进行求解。相关研究表明,热重分析实验是估算固体热解的化学动力学参数的最常用方法[169],如果样本量足够小,热解过程中的热梯度和传输效应可以忽略不计[170]。

煤在 N₂ 环境下的受热分解可以看成是单步 n 阶 Arrhenius 型分解反应,产生焦炭和挥发物,其反应如下:

$$Coal \rightarrow vChar + (1 - v)\,Volatiles \tag{4.1}$$

式中,v 是焦炭产率。

煤的反应速率可以表示为

$$\frac{\mathrm{d}Y}{\mathrm{d}t} = -Y^n A \exp\left(-\frac{E}{RT}\right) \tag{4.2}$$

$$\frac{\mathrm{d}Y_{char}}{\mathrm{d}t} = -v\frac{\mathrm{d}Y}{\mathrm{d}t} \tag{4.3}$$

式中,Y 是煤的质量分数,在不考虑水分的影响时,其初始值为 1,Y_{char} 是焦炭的质量分数,初始值为 0。A、E 和 n 分别是 Arrhenius 动力学公式中的指前因子、活化能和反应级数。

因此,热重分析实验中的质量损失率曲线可以通过式(4.2)、式(4.3)中的反应速率来表示:

$$\frac{\mathrm{d}(m/m_0)}{\mathrm{d}T} = \frac{1}{\beta}\left(\frac{\mathrm{d}Y}{\mathrm{d}t} + \frac{\mathrm{d}Y_{char}}{\mathrm{d}t}\right) \tag{4.4}$$

$$\beta = \frac{\mathrm{d}T}{\mathrm{d}t} \tag{4.5}$$

式中,β 是升温速率,为恒定值。

给出样品的剩余质量积分形式方程见式(4.6):

$$\frac{m}{m_0}(t) = 1 + \beta\int_0^t \frac{\mathrm{d}(m/m_0)}{\mathrm{d}T}\mathrm{d}t \tag{4.6}$$

那么,当煤发生完全热解时,理论焦炭产量可以表示为

$$Y_{char}(t = \infty) = \frac{m}{m_0}(t = \infty) = v(t = \infty) \tag{4.7}$$

由于化学反应动力学模型需要 A、E、n、v 四个具体参数值,进而表征热解动力学过程,为更好地求解以上四个参数值,故在本书中,将 GA 优化算法与化学反应动力学模型耦合,基于热重实验数据优化求解以上参数。

4.2.1 GA 优化算法

GA 优化算法是 C. Lautenberger 等[171-172]开发的一种基于自动化方法的优化技术,基于达尔文"适者生存"的生物进化理论思想建立的遗传算法,不依赖于优化函数的梯度,因此特别适用于非连续函数的优化,具有很高的实用价值。

在 GA 优化算法中,被选择的个体代表那些能够在特定的环境下随时间变化的个体,应用于动力学参数优化时,被选择的个体是一组动力学参数值,特定的环境就是目标函数的数学描述和对参数值的限制条件。GA 优化算法在计算时会随机产生一个初始种群,这个种群中的个体会经历一个选择的过程,这一代个体中那些能够给出最佳 TG 拟合结果的个体会幸存下来。下一代"子代"是由"父代"在一定的变异比例基础上繁殖而来的。这一过程周而复始,直至收敛到最佳值,这时已经无法对拟合度进一步提高。任何一代中表现好的个体总是被繁殖并幸存至下一代,因此参数值会随着繁殖代数的增加逐步提高。GA 具有随机突变、交叉和选择的功能,因此能够保证宽广的搜索范围并避免陷入局部最优,其基本计算思想如下[171,173-176]:

1. 初始种群

通过随机生成若干候选解(主要包括四个实数的向量:指前因子、活化能、反应级数以及焦炭产率)来初始化搜索过程,每个候选解被称为个体,个体的单个参数(如煤的活化能)称为基因,整组候选解称为种群。典型的种群规模从数十种到数百种不等。种群不断发展,形成后代,最初的种群是第一代,也叫初始种群,其后代组成第二代,依此类推。

设$\{a_1, a_2, \cdots, a_n\}$表示构成个体的 n 个基因,对于可能具有几个数量级的值的某些变量,常常用它们的对数形式来表达。设$\{A^1, A^2, \cdots, A^N\}$表示构成种群的 N 个个体;$A^I(l)$用于表示第 l 代的第 I 个个体。类似地,$A_j^I(l)$表示第 l 代第 I 个体的第 j 个基因。

首先生成一个初始种群:

$$A_j^I(1) = a_{j,\min} + r_j^I(a_{j,\max} - a_{j,\min}) \tag{4.8}$$

式中,参数 $a_{j,\max}$ 和 $a_{j,\min}$ 是用户指定的每个变量的上限和下限,在整个演化过程中,所有参数都受这些值的约束。r_j^I 是在区间$[0,1]$上均匀分布的 $N \times n$ 矩阵的随机实数,I 和 j 分别是从 1 到 N 和 1 到 n 的循环。

2. 适应性

适应性是候选解与实验数据匹配程度的度量。假设至少可以获得煤环境温度和质量损失速率,那么煤环境温度/质量损失率与个体 I 预测值之间一致性水平的

关联系数(R^2)为

$$R_{T_S}^{2\ I} = \frac{\sum (T_{s,\exp} - \overline{T_{s,\exp}})^2 - \sum (T_{s,\exp} - \overline{R_{s,try}}^I)^2}{\sum (T_{s,\exp} - \overline{T_{s,\exp}})^2} \tag{4.9a}$$

$$R_{\dot{m}}^{2\ ''I} = \frac{\sum (\dot{m}_{\exp}'' - \overline{\dot{m}_{\exp}''})^2 - \sum (\dot{m}_{\exp}'' - \overline{\dot{m}_{try}''}^I)^2}{\sum (\dot{m}_{\exp}'' - \overline{\dot{m}_{\exp}''})^2} \tag{4.9b}$$

式中,下标"exp"表示实验数据,下标"try"表示由个体中某组基因生成的数值解。需要注意的是,考虑到实验测量过程中数据获取是离散的,式(4.9)仅进行了求和而不是积分。单纯地使用 R^2 来评估适应性有些随意,也可以借用其他计算残差的方法。

个体 I 的加权适应性计算如下:

$$\tilde{f}^I = (\varphi_{T_S} R_{T_S}^{2\ I})^\zeta + (\varphi_{\dot{m}''} R_{\dot{m}}^{2\ I})^\zeta \tag{4.10}$$

式中,ζ 是用户指定的指数,φ 因子是用户指定的常数,确定每个适应性的相对重要性,$\sum \varphi_i = 1$。

如果在多个升温速率水平获得实验数据,则个体的最终适应性被认为是所有升温速率水平的平均适应性,即

$$f^I = \frac{1}{n_{\dot{q}_e''}} \sum_{n_{\dot{q}_e''}} \tilde{f}^I \tag{4.11}$$

式中,$n_{\dot{q}_e''}$ 是所获得的多个升温速率水平的个数,对所有个体重复式(4.9)～式(4.11)的计算。

3. 自然选择

下一代是通过父代的繁殖过程获得的,在这个过程中,父代的基因被组合,个体繁殖的可能性取决于其适应性。通过这种方式,相对差的候选解消失,而相对好的候选解得以存活和继续传播,这种"自然选择"过程是遗传算法利用良好解决方案的基础。

目前有多种不同的自然选择方法进行个体的繁殖,为了简单起见,本书不使用比例选择。个体 I 的选择概率为

$$p_{sel}^I = \frac{f^I}{\sum_{I=1}^{N} f^I} \tag{4.12}$$

个体的适应性越高,被选择为父代进行繁衍的概率就越大。在实际计算过程中,首先按适应性降低的顺序对当前种群进行排序整理,即 $f^I \geqslant f^{I+1}$,然后,对于每个个体,进行如下计算:

$$q^I = \sum_{i=I}^{N} p_{sel}^I \tag{4.13}$$

令 $q^1=1,q^N=p_{sel}^N$,接下来,在区间$[0,1]$上生成属于均匀分布的随机数 r,通过将 r 与 q 进行比较来进行选择:如果 $q^{I+1}<r\leqslant q^I$,则选择 A^I 用于繁衍。重复自然选择过程 N 次后选择 N 个父代。

如果某个体的适应性远高于平均值,则可能会多次选择该个体进行繁衍,为了防止过早局部收敛,设定一个最大目标值 S,以确保每一个个体都能被繁衍,且每代被选择的次数不超过 S 次$(1\leqslant S<N)$,当个体已经繁衍了 S 次并且再次被选择时,则从种群中随机选择新个体用于繁衍。

4. 繁衍

一旦选择了个体进行繁殖,后代就会通过父母的线性组合产生。被选择用于繁衍的集合$\{B\}$作为种群集合$\{A\}$的子集,只有单一个体的 S 个子代可能属于集合$\{B\}$,后代存储在临时中间种群$\{C\}$中,在均匀分布区间$[-0.5,0.5]$上生成随机数矩阵$(r_j^i,i=1,\cdots,N/2,j=1,\cdots,n)$,然后通过父代的线性组合繁衍后代。

$$C_j^I = r_j^i B_j^I + (1-r_j^i)B_j^{I+1}$$
$$C_j^{I+1} = r_j^i B_j^{I+1} + (1-r_j^i)B_j^I \qquad (4.14)$$

式中,$I=1,3,5,\cdots,N-1,i=\dfrac{I+1}{2}$。

5. 突变

在父代通过组合产生新个体之后,使用类似于基因突变的过程将可变性引入种群中,以确保整个搜索区域被搜索并且解不会陷入局部最大值。通过将随机变异引入个体一个或多个基因来完成突变,突变是在基因遗传的基础上发生的,且突变的概率比较低。在开始计算时,为每个参数(基因)分配一个突变概率 $p_{mut,j}$,在均匀分布区间$[0,1]$上生成随机数矩阵$(r_j^i,i=1,\cdots,N/2,j=1,\cdots,n)$,由此,突变在临时中间种群$\{C\}$开始。如果 $r_j^I\leqslant p_{mut,j}$,则在个体 I 的基因 j 上发生突变,突变分为两种情况,每种情况发生的概率相同,第一种情况见式(4.15a),简单地用随机生成的值更改参数(基因),第二种情况见式(4.15b),参数(基因)被其当前值的偏移所取代:

$$C_j^I = a_{j,min} + r(a_{j,max} - a_{j,min}) \qquad (4.15a)$$
$$C_j^I = C_j^I + sv_{mut}(a_{j,max} - a_{j,min}) \qquad (4.15b)$$

式中,r 为区间$[0,1]$上的随机数,s 为区间$[-0.5,0.5]$上的随机数,参数 v_{mut} 用于控制突变的变异性,通常小于1。

6. 替代

遗传算法的最后一步是用子代替代父代,在本书中,后代(即临时中间种群中的个体)完全取代了父母,即

$$A^I(l + 1) = C^I(l) \tag{4.16}$$

式中,$I = 1,2,3,\cdots,N$。

重复上述自然选择到替代的过程,直到达到预定的代数或者全局收敛解。

4.2.2 热解动力学参数求解及验证

本书中热重分析实验与动力学模型匹配的优化目标是式(4.4)~式(4.6)中的质量损失率。目标函数 φ 的目标是在预测结果和实验数据之间获得质量损失率 $\mathrm{d}(m/m_0)/\mathrm{d}T$ 的最小误差,建立如下:

$$\varphi = \sum_{j=1}^{N} \frac{\sum_{k=1}^{n} (MLR_{\mathrm{pred,k}} - MLR_{\mathrm{exp,k}})^2}{\sum_{k=1}^{n} \left(MLR_{\mathrm{exp,k}} - \dfrac{1}{n} \sum_{p=1}^{n} MLR_{\mathrm{exp,p}} \right)^2} \tag{4.17}$$

式中,N 是实验数,n 是每个实验的实验数据点数,MLR_{pred} 和 MLR_{exp} 分别是质量损失速率的预测值以及实验值。

本书 3.2 节进行了 5 ℃/min、10 ℃/min、20 ℃/min、30 ℃/min、40 ℃/min、50 ℃/min 六种升温速率下的热重实验,此处不考虑前期的水分蒸发过程,只研究煤热解的单步过程(温度大于 200 ℃),选取其中 10 ℃/min、30 ℃/min 以及 50 ℃/min 三组实验进行优化计算。在本书中,GA 优化算法在 Visual Basic 中进行编码,并通过 Microsoft Excel 用户界面执行,该界面执行评估式(4.2)~式(4.6)所涉及的所有必要计算。如表 4.1 所示,最终指前因子、活化能、反应级数和焦炭产率的优化参数分别为 5.41×10^{11}、199.2 kJ/mol、5.798 和 0.73。

表 4.1 基于 GA 优化算法得到的化学反应动力学参数

参数	初始值	搜索范围	最终优化值
指前因子 A	5E+10	[2E+5, 8.5E+16]	5.41082E+11
活化能 Ea	110	[50, 600]	199.2
反应级数 n	1	[0, 10]	5.798
碳生成率 v	0.65	[0.3, 0.8]	0.731802258

将最终得到的优化参数重新赋值到式(4.2)~式(4.6)中,得到如图 4.2~图 4.4 所示的不同加热速率下的预测结果与实验数据对比图。可见,$R^2 > 0.95$,预测结果与实验数据吻合良好,特别是尽管其预测值略低于实验值,但可以准确地捕获峰值温度位置。此外,优化算法得到的焦炭产率为 73%,与实验最终残留值 72% 几乎相同。综上,优化的化学反应动力学参数可以与热解模型结合并应用于随后的热解和燃烧数值模拟过程中。

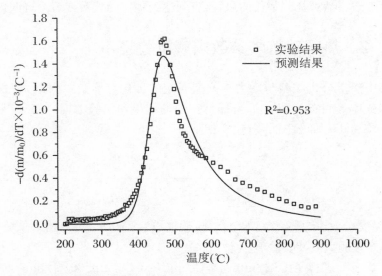

图 4.2　质量损失率实验数据与预测结果进行比较(10 ℃/min)

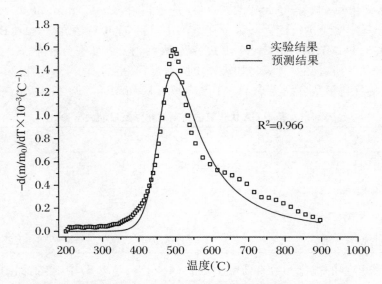

图 4.3　质量损失率实验数据与预测结果进行比较(30 ℃/min)

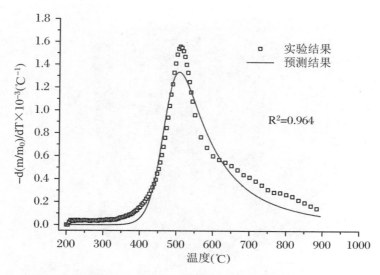

图 4.4 质量损失率实验数据与预测结果进行比较(50 ℃/min)

4.3 煤热解及燃烧模型验证

4.3.1 物理模型及网格划分

应用 OpenFOAM 自带的 blockMesh 工具进行网格划分,理论上来讲网格数目越多,计算越精确,但是根据 courant 数以及合理的计算时间成本,应该设置合理的气相区域网格和固相区域网格,气相区域为 0.5 m×0.5 m×0.5 m 的正方体,固相区域为 0.1 m×0.1 m×0.01m 的扁长方体,气相区域初始网格尺寸为 0.02 m×0.02 m×0.02 m,关键区网格尺寸进行加密处理为 0.01 m×0.01 m×0.01 m,固相区域网格层数设置为 200。结合 3.4 节锥形量热仪实验情况,构建如图 4.5 所示的物理模型。

为了表示内部结构,选取模型的一半进行展示,中轴线位置 x、y 坐标为 0.25 m、0.25 m,气相与固相接触面 z 坐标为 0 m。OpenFOAM 对网格质量重视程度非常高,当网格质量不满足计算要求时,软件会自动停止运算,因此当网格生成后,利用 checkMesh 工具进行网格质量的检查。

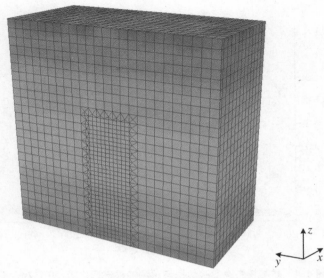

图 4.5　物理模型及网格划分

4.3.2　数值方法

通过煤燃烧过程中化学反应动力学及各平衡方程的研究,建立了煤燃烧过程的数学模型,经过处理后这些方程是封闭的,在确定定解条件后,如果选取的求解方法合适,就可以得到较为合适的解。第 2 章所建立的煤热解及燃烧模型中提到的基本方程均可以写成下面的通用模式:

$$\frac{\partial}{\partial t}(\rho\varphi) + div(\varphi\rho u - \Gamma_{\varphi}grad\varphi) = S_{\varphi} \tag{4.18}$$

该方程包含四项,即时间导数项、对流项、扩散相以及源项。方程有三个特点:① 形式相同,使得建立求解的通用方程成为可能;② 非线性,主要是对流项和化学反应源项的非线性,无法用一般的解析方法求解,必须借助数值求解方法;③ 耦合性,因变量交错存在构成方程组的各个方程中,不能直接求解,可采用迭代法。

根据 OpenFOAM 的软件特性,本书采用 Euler 离散格式求解时间导数项,采用 Gauss limited Linear 离散格式求解对流项,采用二阶中心差分求解扩散项,采用隐式求解源项。另外,在每一时间步的内迭代中,采用 PIMPLE 算法(PISO 算法与 SIMPLE 算法的结合)进行迭代更新场变量,将每个时间步长内用 SIMPLE 稳态算法求解(也就是将每个时间步内看成稳态流动),时间步长的步进用 PISO 算法来完成[153]。依托 OpenFOAM 自带的 fireFOAM 求解器,将煤热解模型以及煤燃烧模型耦合,建立适用于煤燃烧的新型求解器,本书将其命名为 coalfire-FOAM,基于该求解器,对中等辐射通量 35 kW/m² 条件下煤的燃烧特性进行数值模拟。烟煤燃烧的化学反应动力学参数在 4.2 节中已经给出,其他物性参数通过实验测定得到见 3.1 节。另外,水的相关热物性参数此处一并给出:水比热容为 4.2 kJ/(kg·℃),导热系数为 0.62 W/(m·℃),密度为 1000 kg/m³。

4.3.3　数值模拟结果分析

1. 热释放速率模拟结果

热释放速率最能综合反应煤热解模型及燃烧模型的正确性,通过对比如图 4.6 所示的结果可以看出,模拟值和实验值取得了较好的一致性,但是在燃烧模拟初期,热释放速率略低于实验值,这主要是由于模型水分含量与实际含量的差异造成的。同时,模拟结果未捕捉煤刚被点燃时的气相产物燃烧的情况,但是模拟值较为准确地捕捉到热释放速率波峰的位置,实验值在 1560 s 达到最高值,为 1.1733 kW,而模拟值在 1547 s 达到最高值,为 1.1838 kW。由此可见,数值模拟结果是可信的。

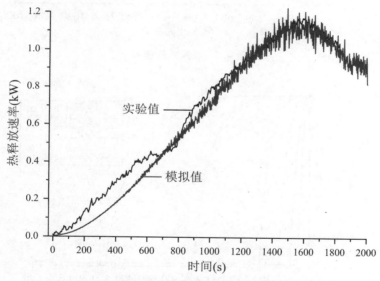

图 4.6　热释放速率数值结果与实验结果对比

2. 质量损失速率模拟结果

质量损失速率是反应煤热解燃烧快慢以及燃烧强度的重要参数,由图 4.7 和图 4.8 可知,煤燃烧过程中质量损失速率与热释放速率曲线是非常相似的;随着外加辐射条件的不断供热,煤表面温度不断升高,并不断向固相煤体下部传导,煤上部的水分先蒸发,直到最底部的煤水分蒸发,一直持续 440 s,水分蒸发结束,煤含水量达到 0;也就是说,从初始升温一直到点燃阶段,质量损失速率多是由于水分蒸发造成的。随着时间不断推移,质量损失速率几乎成线性增长,直到 1547 s,质量损失速率达到顶峰为 0.0419 g/s。随后的阶段,质量损失速率开始下降,由于模型中未考虑煤的缓慢氧化过程,因此对于 2000 s 之后,现实情况中煤后期微弱无火焰燃烧的现象难以实现,本书便不再讨论。

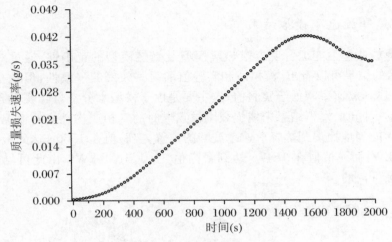

图 4.7　质量损失速率

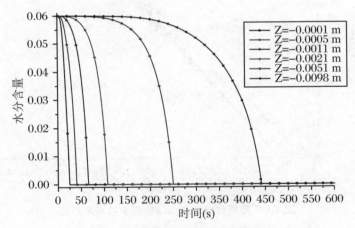

图 4.8　中轴线不同位置处煤水分含量

3. 煤与周围环境温度模拟结果

为了直观显示煤的燃烧过程,提取中轴线($x = 0.25$ m,$y = 0.25$ m)上不同位置处温度随时间的变化,如图 4.9 和图 4.10 所示。

由图 4.9 可知,在模型中轴线位置,200 s 之前,由于外辐射热量较高,煤燃烧放热量相对较小,煤体温度急剧上升,尤其是煤上表面温度超过了400 ℃;随后温度上升速度减慢,一直到煤体达到剧烈燃烧前,煤表面的温度始终是高于煤底部的温度,体现了固体的传热效应;在之后的阶段,整个煤体温度相差无异,且温度基本保持不变,煤温最高达到684 ℃。由图4.10可知,在模型中轴线位置,从0~300 s这个时间段,煤未被点燃,环境温度变化缓慢,之后温度继续升高,直到煤被点燃这个阶段,环境温度急剧升高;当超过650 s之后,环境温度发展平缓,整个阶段,越靠近煤表面的环境,温度越高,最高达到614 ℃。

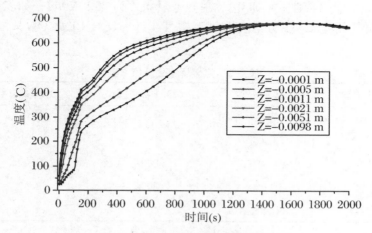

图4.9　煤体不同区域温度变化

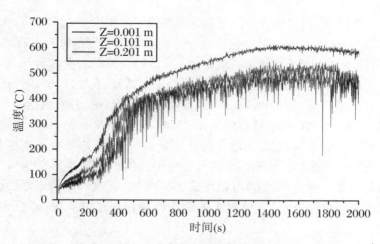

图4.10　周围环境温度变化

4.4　惰化条件下煤燃烧特性数值模拟

上一节的研究证明了本书所建立的煤热解模型和燃烧模型是有效的,本节依托新型求解器 coalfireFOAM,更改煤燃烧的气相氛围,对煤在 N_2 以及 CO_2 双重惰化条件下的燃烧特性进行研究,辐射热通量条件为 35 kW/m^2。如表 4.2 所示, Air 为纯空气环境,CN-1 方案表示 80% 空气 + 10% N_2 + 10% CO_2,其余各惰化方案类似。

表 4.2　煤燃烧惰化数值方案

惰化方案	N_2 体积分数	CO_2 体积分数	O_2 体积分数
Air	79	0	21
CN-1	73.2%	10%	16.8%
CN-2	67.4%	20%	12.6%
CN-3	61.6%	30%	8.4%
CN-4	55.8%	40%	4.2%

1. 惰化条件下热释放速率模拟结果

图 4.11 为不同惰化条件下热释放速率曲线。由图可知,由于 N_2 和 CO_2 两种惰性气体的加入,煤燃烧过程中热释放速率均有不同程度的降低。在非惰化条件下,热释放速率在 1547 s 达到最高值,为 1.1838 kW;当氧浓度降为 16.8% 时,热释放速率在 1588 s 达到最高值,为 1.1174 kW;当氧浓度降为 12.6% 时,热释放速率在 1633 s 达到最高值,为 0.98 kW;当氧浓度降为 8.4% 时,热释放速率在 1704 s 达到最高值,为 0.73 kW;当氧浓度降为 4.2% 时,热释放速率在 1867 s 达到最高值,为 0.48 kW。一般来说,随着惰性气体体积分数的升高,热释放速率越来越小,峰值到达的时间也越来越长。当混入空气中的惰气体积分数达到 60% 以上时,抑制煤燃烧的效果非常明显,而当惰气浓度低于 40% 时,一旦煤达到剧烈燃烧阶段,由热释放速率曲线可知,惰性气体对煤燃烧的抑制作用非常有限,甚至起不到抑制作用。

2. 惰化条件下质量损失速率模拟结果

图 4.12 为不同惰化条件下热释放速率曲线。由图可知,由于 N_2 和 CO_2 两种惰性气体的加入,煤燃烧过程中质量损失速率均有不同程度的降低,其趋势与热释放速率趋势基本相同。非惰化条件下,质量损失速率在 1547 s 达到最高值,为

0.0419 g/s；当氧浓度降为 16.8%、12.6%、8.4%以及 4.2%时，质量损失速率最高值分别为 0.0399 g/s、0.0374 g/s、0.0324 g/s、0.0264 g/s，分别降低了 4.7%、10.7%、22.7%、37%。质量损失速率大小也可以反映出惰性气体的惰化效果，尤其是当混入空气中的惰气体积分数低于 20%时，在抑制煤燃烧的初期，其有一定效果，但是当煤剧烈燃烧之后，质量损失速率反而高于未惰化条件，可见低浓度的惰气对已经发生的煤火基本不起作用。

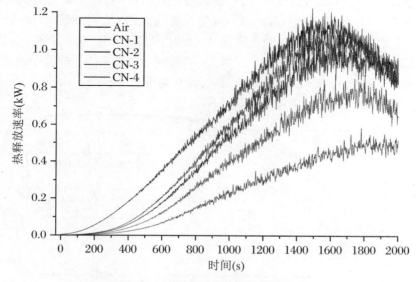

图 4.11　不同惰化条件下热释放速率

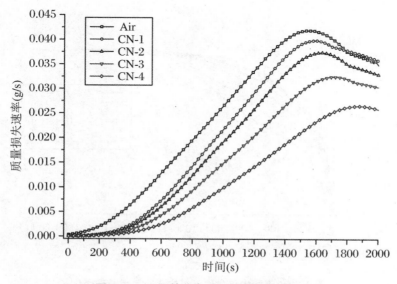

图 4.12　不同惰化条件下质量损失速率

3. 惰化条件下煤与周围环境温度模拟结果

图 4.13 为不同惰化条件下模型中轴线位置煤体温度变化。由图可知,在不同惰化条件下,煤体温度随时间的变化趋势与非惰化条件基本相同。在 200 s 之前,由于外辐射热量较高,煤燃烧放热量相对较小,煤体温度急剧上升,尤其是煤上表面温度超过了 400 ℃;随后温度上升速度减慢,直到煤体达到剧烈燃烧前,煤表面的温度始终高于煤底部的温度;在之后的阶段,整个煤体温度相差无异,且温度基本保持不变。当氧浓度降为 16.8% 时,煤温最高值为 672 ℃;当氧浓度降为 12.6% 时,煤温最高值为 663 ℃;当氧浓度降为 8.4% 时,煤温最高值为 656 ℃;当氧浓度降为 4.2% 时,煤温最高值为 648 ℃。可见,随着空气中惰气体积分数增加,煤本身的温度及所能达到的最高温度均降低,但是降低幅度较小。

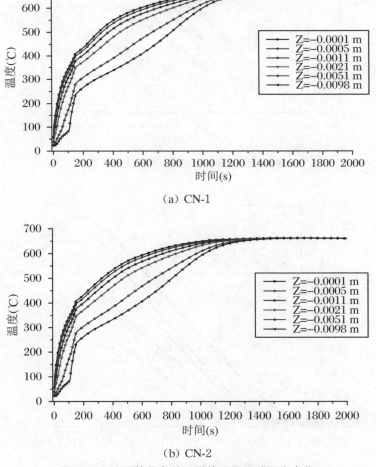

(a) CN-1

(b) CN-2

图 4.13　不同惰化条件下煤体不同区域温度变化

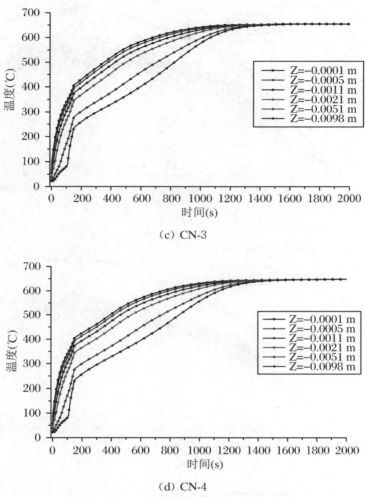

(c) CN-3

(d) CN-4

续图 4.13　不同惰化条件下煤体不同区域温度变化

　　图 4.14 为不同惰化条件下周围环境温度变化。由图可知,在不同惰化条件下,煤周围环境温度随时间的变化趋势与非惰化条件类似。当氧浓度降为 16.8%时,煤周围环境温度最高为 594 ℃;当氧浓度降为 12.6%时,煤周围环境温度最高为 581 ℃;当氧浓度降为 8.4%时,煤周围环境温度最高为 561 ℃;当氧浓度降为 4.2%时,煤周围环境温度最高为 544 ℃。随着空气中惰气体积分数增加,煤周围环境温度及中轴线最高温度均降低,且降低幅度比煤温降幅大,温度峰值最大降低了 70 ℃;同时,上、中、下三个位置处的温度差值也随着惰气量的增大而增大。

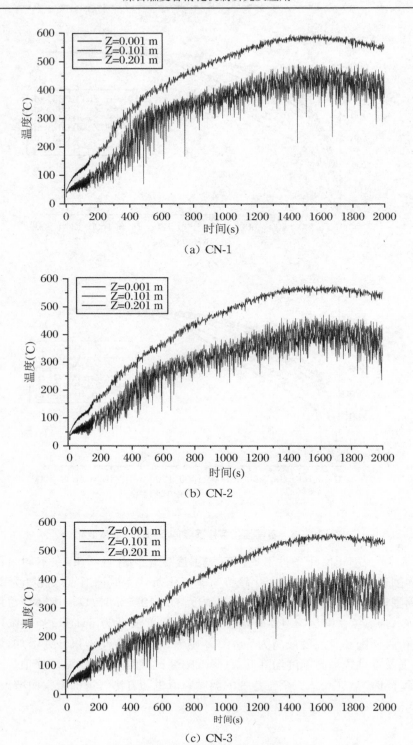

（a）CN-1

（b）CN-2

（c）CN-3

图 4.14　不同惰化条件下周围环境温度变化

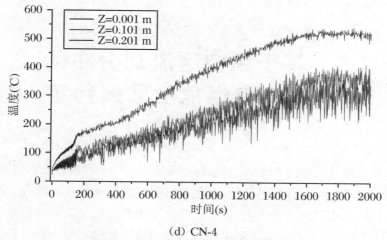

(d) CN-4

续图 4.14　不同惰化条件下周围环境温度变化

5 基于采空区流场分布的
遗煤自燃危险区域判定

借助颗粒离散元软件 PFC,构建工作面采空区走向和倾向模型,优化煤岩体宏细观参数计算方法,进而对采空区及上覆岩层裂隙发育规律及孔隙分布特征进行数值研究。视采空区为多孔介质,根据孔隙分布特征将采空区进行分区孔隙率及渗透率的 UDF 编译。将所建立的采空区多孔介质渗流模型导入到流体计算软件 Fluent 中,分别对未抽放条件以及高位抽放条件下采空区气体(主要是空气和瓦斯)流场进行数值模拟,以氧浓度为主要判别指标进行采空区遗煤自燃危险区域的判定,对比现场自燃"三带"观测结果,以验证基于采空区流场分布的遗煤自燃危险区域判定方法的可行性与准确性。

5.1 采空区颗粒离散元模型及宏细观参数

本书选取兖矿新疆矿业有限公司硫黄沟煤矿(9-15)06 工作面进行研究,(9-15)煤层是硫黄沟矿区主采煤层,煤层厚度自东向西逐渐增厚,煤厚 33.3～35.6 m,平均厚度 34.4 m。(9-15)06 工作面平面位置图和剖面图如图 5.1、图 5.2 所示,该工作面位于(4-5)02 采空区下部,与(4-5)02 采空区内错布置,(9-15)06 工作面轨道顺槽内错(4-5)02 工作面轨道顺槽 23 m,轨道顺槽标高 + 795.856 m～ + 817.236 m,顺槽最大埋深 412.644 m,最小埋深 322.764 m。(9-15)06 工作面皮带顺槽内错(4-5)02 工作面皮带顺槽 11 m,皮带顺槽标高 + 775.694 m～ + 779.961 m,顺槽最大埋深 432.806 m,最小埋深 360.039 m。采用"U"形通风方式,生产回采期间轨道顺槽作为工作面回风巷,皮带顺槽作为进风巷。(9-15)06 工作面设计走向长 1064 m,面倾向长 98.98 m(对应面平距 90.13 m,均为内帮至内帮),煤层倾角 22°～26°,平均为 24°,顶板以粉砂岩、泥岩为主,直接顶板以泥质粉砂岩为主,平均厚度 3.2 m,自然含水状态下抗压强度为 22.50～84.80 MPa,平均为 48.11 MPa,抗拉强度为 0.34～3.20 MPa。底板以炭质泥岩为主,自然含水状态下抗压强度为 17.20～82.11 MPa,平均为 43.91 MPa,抗拉强度为 1.06～4.60 MPa,平均为

2.21 MPa。选用走向长壁后退式综采放顶煤采煤法,煤机割煤高度控制在 3 m,放煤高度为 6 m。回采前期推进长度 511 m,按采放比 1∶2;后期剩余长度 534 m,按只采不放组织生产,本书只针对前 511 m 进行研究。

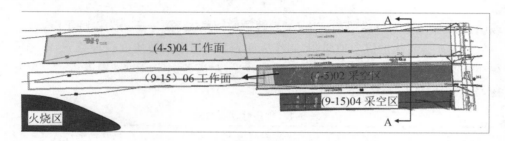

图 5.1　(9-15)06 工作面平面位置图

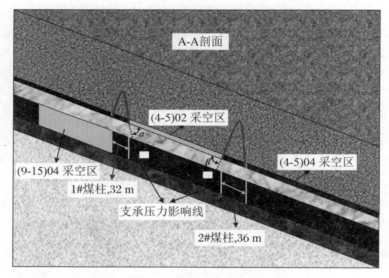

图 5.2　(9-15)06 工作面 A-A 剖面示意图

颗粒离散元理论认为所研究对象(煤岩体)是由一系列离散化的颗粒单元组成的,且颗粒单元具有一定的物理力学特征,颗粒的运动依靠的是经典运动方程,整体结构的演变(裂隙的发育及孔隙变化等)是通过颗粒的相互运动及相互间的接触关系来实现。

在 PFC^{2D} 中,颗粒的接触本构方程包含接触刚度方程、滑动方程和连接方程[177, 178],其关系如式(5.1)、式(5.2)所示。

$$F_i^n = K_n U^n n_i \tag{5.1}$$

$$\Delta F_i^s = - K_s \Delta U^s \tag{5.2}$$

式中,F_i^n、ΔF_i^s 分别为法向及切向接触力,K^n、K^s 分别为接触点法向及切向刚度;

U^n、ΔU_i^s 分别为颗粒间法向及切向重叠量;n_i 为单位法向量。

滑动方程反映的是切向和法向接触力之间的关系,在剪切力作用下会发生滑动,即

$$F_{max}^s = \mu \mid F_i^n \mid \tag{5.3}$$

式中,F_{max}^s 为最大容许接触剪切力;μ 为两颗粒间摩擦系数;$\mid F_i^n \mid$ 为接触正应力。

根据矿方提供的煤层地质图,制作成如表 5.1 所示的地质柱状参数表,特别值得注意的是,为了更加真实的模拟煤层的开采,对模型中(9-15)号煤进行上分层开挖,并人为地进行了分层。

表 5.1　地质柱状参数表

层位	厚度(m)	岩性	整体厚度(m)
1	19.43	底板(煤)	19.43
2	11.36	底板(煤)	30.79
3	9	(9-15)开采层	39.79
4	4.46	粉砂岩	44.25
5	5.88	泥岩	50.13
6	4.16	粉砂岩	54.29
7	7.18	(4-5)煤	61.47
8	4.33	泥岩	65.8
9	17.39	粉砂岩	83.19
10	10	粗砂岩	93.19
11	5.9	中砂岩	99.09
12	3.6	粗砂岩	102.69
13	2.15	中砂岩	104.84
14	2.42	粗砂岩	107.26
15	2.15	细砂岩	109.41
16	3.35	中砂岩	112.76
17	6.98	粉砂岩	119.74
18	4.53	中砂岩	124.27
19	3.84	泥岩	128.11

续表

层位	厚度(m)	岩性	整体厚度(m)
20	3.65	中砂岩	131.76
21	2.6	粉砂岩	134.36
22	8.18	粗砂岩	142.54
23	4.3	细砂岩	146.84
24	9.09	粗砂岩	155.93
25	3.34	细砂岩	159.27
26	3.9	泥岩	163.17
27	2.01	中砂岩	165.18
28	9.17	粉砂岩	174.35
29	4.8	细砂岩	179.15
30	10.99	粉砂岩	190.14
31	4.45	细砂岩	194.59
32	2.85	中砂岩	197.44
33	5.32	粉砂岩	202.76
34	10.83	粗砂岩	213.59
35	4.4	细砂岩	217.99
36	5.2	粉砂岩	223.19
37	6.17	粗砂岩	229.36
38	4.84	中砂岩	234.2
39	5.25	粉砂岩	239.45
40	4.58	粗砂岩	244.03
41	2.42	中砂岩	246.45
42	8.55	粉砂岩	255

细观参数选取的准确性是研究煤岩体裂隙发育及孔隙率分布特征的基础保障,在给出颗粒法向刚度和切向刚度初始值以及平行黏结法向和切向刚度初始值基础上[179],利用PFC^{3D}软件对煤体单轴压缩及巴西劈裂物理实验进行数值模拟并与之进行了对比,重点研究了弹性模量、泊松比、单轴抗压强度及抗拉强度与煤体

各细观参数之间的关系[180-181]，通过在后期的数值模拟中，不断地对其进行完善和修正，得出以下关系式：

$$E/E_c = a + b\ln(K_n/K_s) \tag{5.4}$$

式中，E 为弹性模量，E_c 为杨氏模量，K_n/K_s 为刚度比；$a = 1.652$，$b = -0.395$。

$$v = a\ln(K_n/K_s) + b \tag{5.5}$$

式中，v 为泊松比；$a = 0.209$，$b = 0.111$。

$$\frac{\sigma_c}{\bar{\sigma}} = \begin{cases} a\left(\dfrac{\bar{\tau}}{\bar{\sigma}}\right)^2 + b\dfrac{\bar{\tau}}{\bar{\sigma}}, & 0 < \dfrac{\bar{\tau}}{\bar{\sigma}} \leqslant 1 \\ c, & \dfrac{\bar{\tau}}{\bar{\sigma}} > 1 \end{cases} \tag{5.6}$$

式中，σ_c 为单轴抗压强度，$\bar{\sigma}$ 为平行连接法向连接强度，$\bar{\tau}$ 为平行连接切向连接强度，$a = -0.965$，$b = 2.292$，$c = 1.327$。

$$\frac{\sigma_t}{\bar{\sigma}} = \begin{cases} a\left(\dfrac{\bar{\tau}}{\bar{\sigma}}\right)^2 + b\dfrac{\bar{\tau}}{\bar{\sigma}}, & 0 < \dfrac{\bar{\tau}}{\bar{\sigma}} \leqslant 1 \\ c, & \dfrac{\bar{\tau}}{\bar{\sigma}} > 1 \end{cases} \tag{5.7}$$

式中，σ_t 为抗拉强度，$a = -0.174$，$b = 0.463$，$c = 1.327$。

最终所得模型各层煤岩体宏细观参数如表 5.2 所示。

表 5.2 模型宏细观参数对照表

层号	岩性	宏观参数				细观参数				
		泊松比	弹性模量	抗拉强度 (MPa)	内聚力 (MPa)	内摩擦角 (°)	K_{rat}	E_{mod} (GPa)	K_n (GPa)	K_s (GPa)	$P_b\text{-}K_n$ (GPa)	$P_b\text{-}K_s$ (GPa)
J1	9-15煤	0.23	2.32	1.91	3.80	42.00	1.77	1.63	3.25	1.84	2.03	1.15
J2	9-15煤	0.21	3.79	2.04	4.40	41.00	1.61	2.59	5.17	3.22	3.23	2.01
J3	9-15煤	0.26	3.84	1.89	3.90	40.00	2.04	2.80	5.60	2.75	3.50	1.72
J4	粉砂岩	0.23	24.74	3.20	5.50	36.00	1.77	17.34	34.67	19.62	21.67	12.26
J5	泥岩	0.35	36.51	1.36	6.32	39.40	3.14	30.42	60.83	19.39	38.02	12.12
J6	粉砂岩	0.23	24.74	3.20	5.50	36.00	1.77	17.34	34.67	19.62	21.67	12.26
J7	4-5煤	0.28	3.84	1.89	3.90	42.60	2.24	2.88	5.76	2.57	3.60	1.60
J8	泥岩	0.35	36.51	1.36	6.32	39.40	3.14	30.42	60.83	19.39	38.02	12.12
J9	粉砂岩	0.23	24.74	3.20	5.50	36.00	1.77	17.34	34.67	19.62	21.67	12.26
J10	粗砂岩	0.27	27.36	1.62	7.60	38.80	2.14	20.24	40.49	18.92	25.31	11.83
J11	中砂岩	0.28	15.40	2.58	4.35	35.30	2.24	11.56	23.11	10.30	14.45	6.44
J12	粗砂岩	0.27	27.36	1.62	7.60	38.80	2.14	20.24	40.49	18.92	25.31	11.83
J13	中砂岩	0.28	15.40	2.58	4.35	35.30	2.24	11.56	23.11	10.30	14.45	6.44
J14	粗砂岩	0.27	27.36	1.62	7.60	38.80	2.14	20.24	40.49	18.92	25.31	11.83
J15	细砂岩	0.21	24.80	3.06	5.77	38.80	1.61	16.93	33.86	21.08	21.16	13.18
J16	中砂岩	0.28	15.40	2.58	4.35	35.30	2.24	11.56	23.11	10.30	14.45	6.44

续表

层号	岩性	宏观参数					细观参数					
		泊松比	弹性模量	抗拉强度(MPa)	内聚力(MPa)	内摩擦角(°)	K_{rat}	E_{mod}(GPa)	K_n(GPa)	K_s(GPa)	P_b-K_n(GPa)	P_b-K_s(GPa)
J17	粉砂岩	0.23	24.74	3.20	5.50	36.00	1.77	17.34	34.67	19.62	21.67	12.26
J18	中砂岩	0.28	15.40	2.58	4.35	35.30	2.24	11.56	23.11	10.30	14.45	6.44
J19	泥岩	0.35	36.51	1.36	6.32	39.40	3.14	30.42	60.83	19.39	38.02	12.12
J20	中砂岩	0.28	15.40	2.58	4.35	35.30	2.24	11.56	23.11	10.30	14.45	6.44
J21	粉砂岩	0.23	24.74	3.20	5.50	36.00	1.77	17.34	34.67	19.62	21.67	12.26
J22	粗砂岩	0.27	27.36	1.62	7.60	38.80	2.14	20.24	40.49	18.92	25.31	11.83
J23	细砂岩	0.21	24.80	3.06	5.77	38.80	1.61	16.93	33.86	21.08	21.16	13.18
J24	粗砂岩	0.27	27.36	1.62	7.60	38.80	2.14	20.24	40.49	18.92	25.31	11.83
J25	细砂岩	0.21	24.80	3.06	5.77	38.80	1.61	16.93	33.86	21.08	21.16	13.18
J26	泥岩	0.35	36.51	1.36	6.32	39.40	3.14	30.42	60.83	19.39	38.02	12.12
J27	中砂岩	0.28	15.40	2.58	4.35	35.30	2.24	11.56	23.11	10.30	14.45	6.44
J28	粉砂岩	0.23	24.74	3.20	5.50	36.00	1.77	17.34	34.67	19.62	21.67	12.26
J29	细砂岩	0.21	24.80	3.06	5.77	38.80	1.61	16.93	33.86	21.08	21.16	13.18
J30	粉砂岩	0.23	24.74	3.20	5.50	36.00	1.77	17.34	34.67	19.62	21.67	12.26
J31	细砂岩	0.21	24.80	3.06	5.77	38.80	1.61	16.93	33.86	21.08	21.16	13.18
J32	中砂岩	0.28	15.40	2.58	4.35	35.30	2.24	11.56	23.11	10.30	14.45	6.44

续表

层号	岩性	宏观参数					细观参数					
		泊松比	弹性模量	抗拉强度 (MPa)	内聚力 (MPa)	内摩擦角 (°)	K_{rat}	E_{mod} (GPa)	K_n (GPa)	K_s (GPa)	P_b-K_n (GPa)	P_b-K_s (GPa)
J33	粉砂岩	0.23	24.74	3.20	5.50	36.00	1.77	17.34	34.67	19.62	21.67	12.26
J34	粗砂岩	0.27	27.36	1.62	7.60	38.80	2.14	20.24	40.49	18.92	25.31	11.83
J35	细砂岩	0.21	24.80	3.06	5.77	38.80	1.61	16.93	33.86	21.08	21.16	13.18
J36	粉砂岩	0.23	24.74	3.20	5.50	36.00	1.77	17.34	34.67	19.62	21.67	12.26
J37	粗砂岩	0.27	27.36	1.62	7.60	38.80	2.14	20.24	40.49	18.92	25.31	11.83
J38	中砂岩	0.28	15.40	2.58	4.35	35.30	2.24	11.56	23.11	10.30	14.45	6.44
J39	粉砂岩	0.23	24.74	3.20	5.50	36.00	1.77	17.34	34.67	19.62	21.67	12.26
J40	粗砂岩	0.27	27.36	1.62	7.60	38.80	2.14	20.24	40.49	18.92	25.31	11.83
J41	中砂岩	0.28	15.40	2.58	4.35	35.30	2.24	11.56	23.11	10.30	14.45	6.44
J42	粉砂岩	0.23	24.74	3.20	5.50	36.00	1.77	17.34	34.67	19.62	21.67	12.26

注: K_{rat} 为刚度比; E_{mod} 为有效模量; K_n 为法向刚度; K_s 为切向刚度; P_b − K_n 为平行黏结法向刚度; P_b − K_s 为平行黏结切向刚度。

建立如图 5.3(a)所示的二维沿走向开采数值模型,以及如图 5.3(b)所示的二维沿倾向开采数值模拟,模型长 400 m,高 255 m,共 42 层。采用半径扩展法产生模型,模型中颗粒单元最小粒径为 0.3 m,最大粒径为 0.5 m,粒径比为 1∶1.66,模型颗粒尺寸比例较为合理。模型左、右两侧边界固定不可移动,底部边界限制颗粒沿垂直方向的移动,而上部边界则为自由边界,上覆岩层通过自身重量,对模型施加均匀载荷。

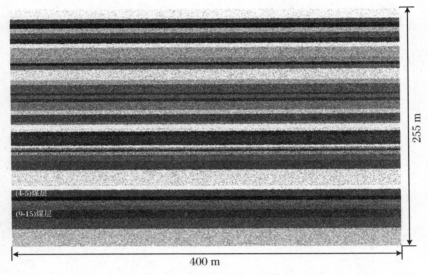

（a）走向模型

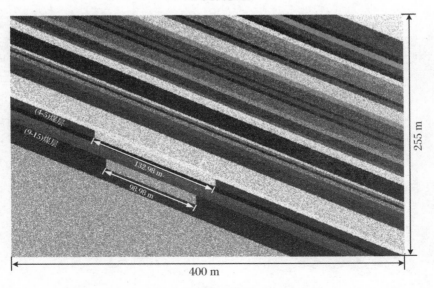

（b）倾向模型

图 5.3　模型开采示意图

5.2 覆岩运动及裂隙演化规律

上临近层开采对下部采空区覆岩运动及孔隙演化均有影响,因此本次 PFC 数值模拟首先研究(4-5)02 工作面开采过程,采空区内覆岩垮落堆积情况,然后对下煤层(9-15)06 工作面进行采动模拟,研究分析上覆岩层内裂隙变化发育情况,其中,(9-15)06 工作面为本书的研究重点。(9-15)06 工作面以 9 m 为推进距离,共分为 30 块进行开采,选取覆岩不同垮落时期为例,对内部裂隙演化规律进行动态追踪,观察气体运移通道的形成变化情况,图中覆岩内部裂隙发育用青色进行表示。

5.2.1 (4-5)02 工作面走向开采模拟分析

在(4-5)02 工作面推采过程中,其覆岩运动及裂隙发育模拟结果如图 5.4 所示。随着(4-5)02 工作面的不断推进,上覆岩层受力状况发生改变,直接顶、基本顶内部裂纹增长迅速,向上覆岩层不断延伸、扩散,裂隙发育区域逐渐扩大,由于模型边界效应的原因,两侧出现较多裂隙。当上覆岩层裂纹数量累积到一定程度时,岩层将发生断裂情况,上覆岩层因此不断发生垮落现象。

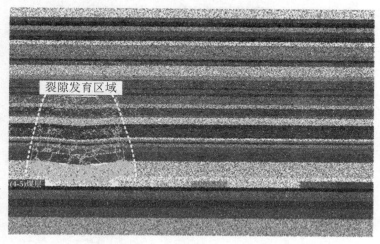

(a) 80 m

图 5.4 (4-5)02 工作面推进过程中覆岩运动及裂隙发育

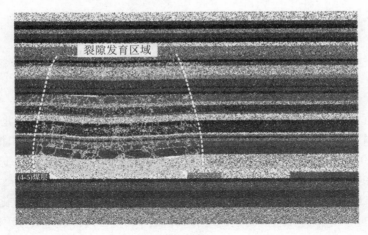

（b）160 m

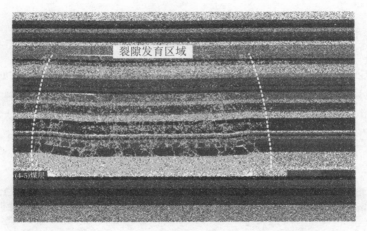

（c）240 m

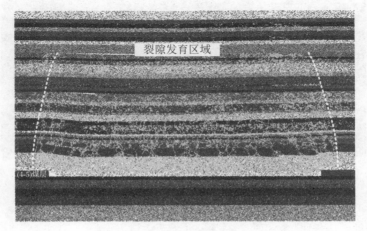

（d）320 m

续图 5.4　(4-5)02 工作面推进过程中覆岩运动及裂隙发育

在图 5.5 中,上覆岩层不断垮落堆积并逐渐压实,使得整体模型形成稳定结构。因此,结合"竖三带"划分理论,将模型开采后从上到下共分为弯曲下沉带、裂隙带、冒落带三个部分,其中裂隙带高度为 101.64 m,冒落带垮落高度为 28.9 m。

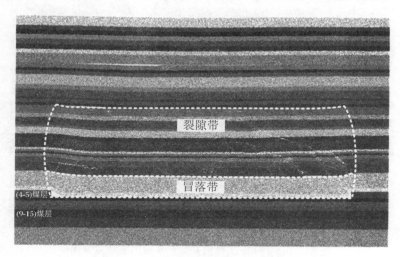

图 5.5　(4-5)02 工作面采空区三带划分

5.2.2　(9-15)06 工作面走向开采模拟分析

根据图 5.6 所示,(4-5)02 工作面开采完毕后覆岩堆积形成稳定结构,对 (9-15)06 工作面划分为 30 个块段进行模拟开采,每个块段为 9 m,结合工作面实际开采条件进行数值模拟,开采厚度为 9 m。

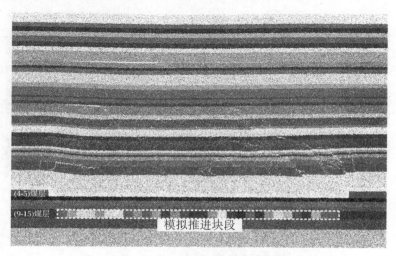

图 5.6　(9-15)06 工作面走向开采模型

　　如图 5.7 所示,当(9-15)06 工作面推进至 9 m 时,由于开采宽度较小,直接顶还具有支承作用,而未发生垮落现象,内部裂纹开始逐渐增加。

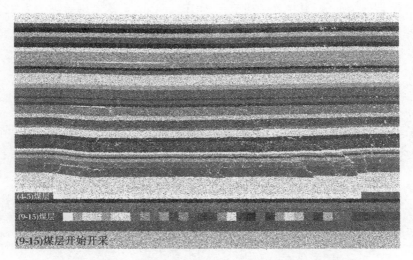

图 5.7　(9-15)06 工作面开采至 9 m 时裂隙发育图

　　如图 5.8 所示,当工作面推进至 36 m 时,直接顶受采动影响开始发生离层垮落现象,内部竖向裂隙逐渐增加,此时基本顶内部虽然产生较多裂隙,但仍具有支承作用,而没有发生垮落现象,由于直接顶的垮落导致基本顶内部裂隙逐渐开始增多,多条气体运移通道开始形成,不同气体将通过运移通道发生运移现象。

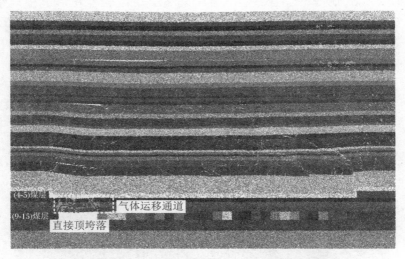

图 5.8　(9-15)06 工作面开采至 36 m 裂隙发育图

　　如图 5.9 所示,当(9-15)06 工作面推进至 54 m 时,(4-5)02 工作面采空区不断堆积压实,上覆岩层垮落堆积形成的重量对(4-5)02 工作面底板岩层造成向下的挤压力,受(9-15)06 工作面开采的影响,(4-5)02 工作面底板内部产生较多裂隙,(9-15)06 工作面基本顶内部裂纹增长速率逐渐提高,发生垮落现象,其内部裂隙也随之增多。此时,由于裂隙的不断增多与累积,(4-5)煤层与(9-15)煤层之间以裂隙形成的气体运移通道开始贯通。

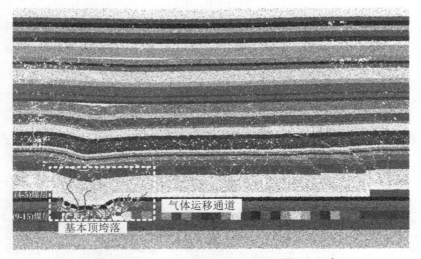

图 5.9　(9-15)06 工作面开采至 54 m 时裂隙发育图

如图 5.10 所示,当(9-15)06 工作面推进至 63 m 时,采空区上方直接顶与基本顶不再具有支承作用,均开始呈现周期性垮落现象,此时上覆岩层内部裂隙逐渐增多,并逐渐向上进行发育延伸、扩散,(4-5)煤层与(9-15)煤层之间贯通区域也开始不断扩大,此时,气体运移通道区域也随覆岩的周期垮落而不断扩大。

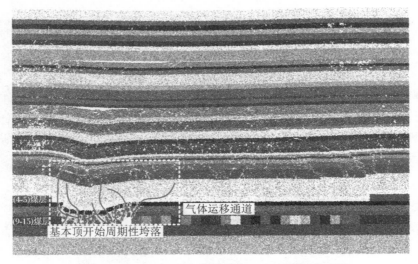

图 5.10　(9-15)06 工作面开采至 63 m 时裂隙发育图

如图 5.11 所示,当(9-15)06 工作面推进至 270 m 时,模拟开采结束。此时,上覆岩层大面积发生垮落,逐渐向采空区内部堆积压实,覆岩内部裂隙发育到最大值,竖向裂隙逐渐延伸至弯曲下沉带。根据模拟实验结果显示,(4-5)02 工作面开采后,覆岩逐渐垮落堆积至工作面底板之上,形成竖三带划分。(9-15)06 工作面直接顶初次垮落距离为 36 m,基本顶初次垮落距离为 54 m,由于临近层(4-5)02 工作面的开采,因此(9-15)06 工作面采空区上覆岩层受力减小,只能承受(4-5)02 工作面覆岩垮落堆积的重量,导致(9-15)06 工作面开采时直接顶与基本顶初次垮落距离增加,模拟实验结果符合理论分析。

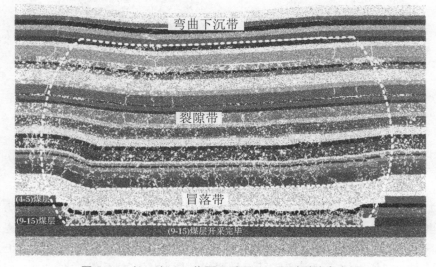

图 5.11　(9-15)06 工作面开采至 270 m 时裂隙发育图

5.2.3　(9-15)06 工作面倾向开采模拟分析

对(9-15)06 工作面倾向开采进行模拟,最终模拟结果如图 5.12 所示。工作面沿倾向采取一次全开采 98.98 m,上覆岩层不受支承作用而发生垮落现象,内部裂隙逐渐发育并趋于稳定。由于直接顶与基本顶垮落时间较早,垮落矸石不断堆积,其内部竖向裂隙逐渐发育并向(4-5)煤层延伸、扩散,多条气体运移通道逐渐显现,并逐渐延伸至覆岩离层位置,这与走向开采模拟结果相适应。

图 5.12   (9-15)06 工作面倾向开采裂隙发育图

5.3   孔隙率动态分布规律

采空区孔隙率是定量化研究气体渗流及赋存的重要参数,其过程是根据采空区的特殊性,视之为一个多孔介质空间,建立相应的方程组进行模拟计算与分析,而得到采空区孔隙率动态分布特征。因此,分析研究采空区孔隙率随工作面推进进度的动态变化特点,对(4-5)煤层与(9-15)煤层之间气体运移通道的形成以及采空区渗流场分布的研究具有重要意义。

5.3.1   测量圆布置

根据 PFC 模拟软件特点,利用特有的测量圆对模型内部孔隙率的变化进行动态追踪,测量圆布置情况如图 5.13 所示。模型布置测量圆监测孔隙率的动态演化规律,测量圆直径为 5 m,共计 4080 个测量圆(51 行×80 列)。测量圆将始终处于稳定状态,上、下、左、右四侧边界固定不可移动。当颗粒沿垂直方向进行移动时,颗粒将会穿过每层测量圆进行监测孔隙率变化规律。孔隙率的提取,以 50000 步长为一个取值点进行取值。

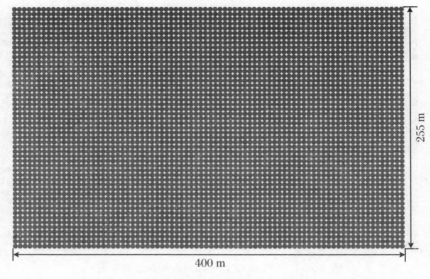

图 5.13　模型测量圆布置示意图

5.3.2　孔隙率动态分布规律研究分析

1. (4-5)02 工作面走向开采期间孔隙率分布

根据提取(4-5)02 工作面开采完毕时孔隙率数据显示,随着工作面的不断推进,结合(4-5)02 工作面上覆岩层垮落规律,将模型上覆岩层从上往下分为冒落带、裂隙带、弯曲下沉带,其中冒落带不断压实,孔隙率逐渐从开采时的 0.85 减小至 0.25左右,裂隙带内孔隙率逐渐从未垮落时的 0.15 增加至 0.25 左右。如图 5.14所示,(4-5)02 工作面开采至 320 m 时,冒落带孔隙率比裂隙带孔隙率大,裂隙带出现多条竖向条状孔隙率分布,此时,该位置分布表明裂隙带内部多条气体运移通道形成。弯曲下沉带的形成,导致裂隙带上方位置出现孔隙率增大。

2. (9-15)06 工作面走向开采期间孔隙率分布

如图 5.15 所示,模拟实验初始阶段,当工作面开采至 9 m 时,由于开采距离较小,直接顶具有支承作用,因此孔隙率不会发生明显变化;而由于工作面的开采,开采位置没有岩体存在,因此孔隙率逐渐增大至最大值 1.0,上覆岩层未受开采影响,孔隙率没有发生变化,与(4-5)02 工作面开采完毕时孔隙率分布相同。

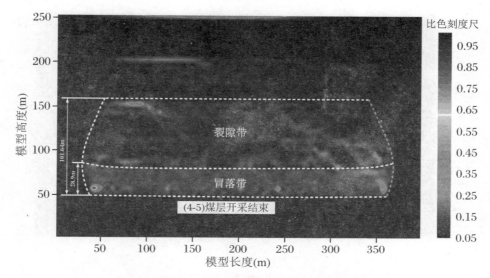

图 5.14　(4-5)02 工作面开采至 320 m 孔隙率分布

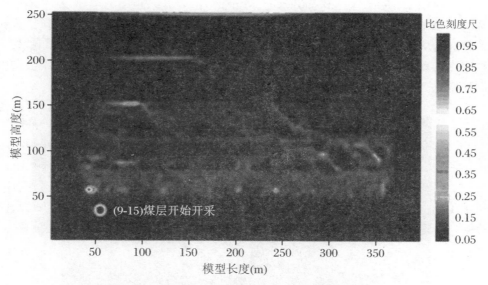

图 5.15　(9-15)06 工作面开采至 9 m 时孔隙率分布

如图 5.16 所示,当工作面推进为 36 m 时,直接顶发生离层垮落现象,该位置孔隙率逐渐从 0.05 增大至 0.35 左右,其工作面周边区域孔隙率由于受采动影响发生小范围变化,逐渐增大至 0.35 左右。由于直接顶的垮落,开采距离较短,直接顶上方覆岩孔隙率出现微小变化。此时,孔隙率最大位置分布于工作面位置、直接顶及直接顶上方覆岩,孔隙率最小位置分布于其余未受影响区域。

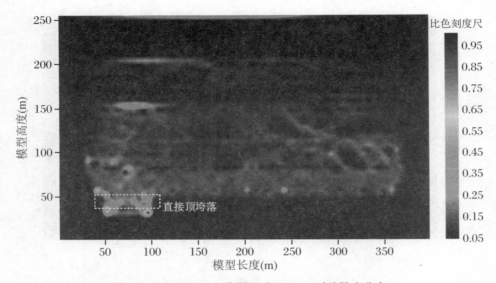

图 5.16　(9-15)06 工作面开采至 36 m 时孔隙率分布

如图 5.17 所示,当工作面开采至 54 m 时,随着开采距离的增加,基本顶不再具有支承作用,从而发生离层垮落现象。由于基本顶被压实至采空区内,该位置孔隙率逐渐从 0.35 减小至 0.25 左右,基本顶上方覆岩受到基本顶垮落的影响,其孔隙率逐渐发生明显变化,最大增至 0.55 左右,其余位置孔隙率未受影响,不会发生明显变化。

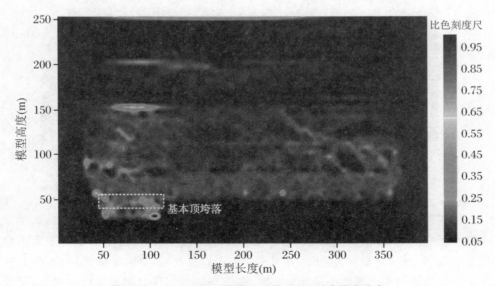

图 5.17　(9-15)06 工作面开采至 54 m 时孔隙率分布

如图 5.18 所示,当工作面开采至 63 m 时,基本顶开始呈现周期性垮落规律;

随后每个块段进行开采时,基本顶垮落与之前基本顶垮落规律相似,工作面开采位置孔隙率最大为 0.95,采空区内部由于覆岩垮落堆积作用不断被压实,孔隙率由 0.15 左右增加至 0.35 左右,后又减小至 0.25 左右并趋于稳定。此时,孔隙率最大位置分布在工作面开采位置、基本顶上方覆岩,其余未受影响区域位置孔隙率较小。

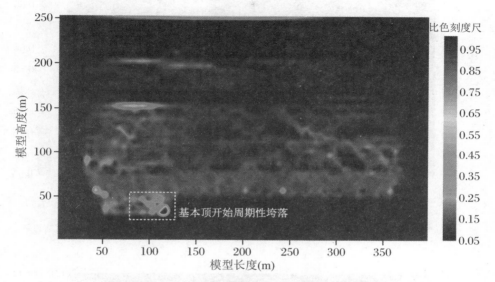

图 5.18 (9-15)06 工作面开采至 63 m 时孔隙率分布

如图 5.19 所示,当工作面推进至 270 m 时,(9-15)06 工作面模拟开采完毕,覆岩垮落堆积逐渐稳定,整体模型孔隙率可分为两个部分:受影响部分和未受影响部分。受影响部分从上到下可分为冒落带及裂隙带两部分,其中冒落带内岩石的压实使得孔隙率为 0.15～0.25。由于模型测量圆的整体性,内部覆岩垮落高度继续增加而模型较小,导致模型最上方位置出现孔隙率较大。裂隙带内由于覆岩的垮落不规则性导致覆岩内部出现几何稳定结构而未被压实,孔隙率为 0.05～0.25。此时,孔隙率最大位置出现在工作面、冒落带及裂隙带内。

3. (9-15)06 工作面倾向开采期间孔隙率分布

(9-15)06 工作面进行倾向开采模拟时,模型孔隙率分布如图 5.20 所示。随着 (4-5)煤层开采的结束,采空区内覆岩矸石不断堆积,使得该部分孔隙率逐渐降低。(9-15)06 工作面开采完毕结束后,受倾角的影响,煤层开采上端位置与下端位置孔隙率较大,其中下端位置由于矸石堆积,形成稳定的三角结构而未堆积压实,孔隙率最大为 0.95,上端位置为 0.75,因此,冒落带总体孔隙率为 0.15～0.95。由于裂隙带内裂隙的发育,因此,孔隙率为 0.15～0.55;由于位于覆岩上方离层位置,故孔隙率最大为 0.85。

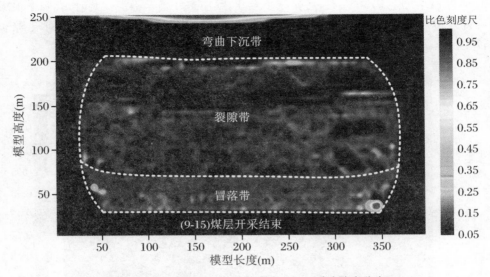

图 5.19　(9-15)06 工作面开采至 270 m 时孔隙率分布

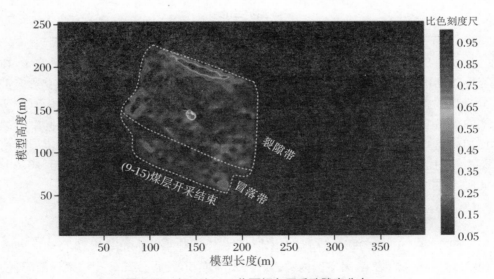

图 5.20　(9-15)06 工作面倾向开采孔隙率分布

5.4 采空区多孔介质渗流模型构建

5.4.1 多孔介质渗流数学模型

ANSYS Fluent 是目前最为常用的 CFD 流体模拟软件,具有高效省时、稳定性强和精度高等突出优点,尤其是其结构化网格模型,运行速度极快,常用于采空区多孔介质模型计算。本书涉及的采空区气体渗流模型,遵守质量守恒定律、动量守恒定律以及能量守恒定律等[182, 183]。

1. 质量守恒方程

流体满足质量守恒定律,即某单位时间计算单元内流体流入的质量等于流体流出的质量;同时,假设采空区混合气体为稳态不可压缩流体,则其密度是不随时间变化的常数。

$$\frac{\partial(\rho u)}{\partial x} + \frac{\partial(\rho v)}{\partial y} + \frac{\partial(\rho w)}{\partial z} = 0 \tag{5.8}$$

式中,u、v、w 分别为速度在 x、y、z 方向上的矢量分量。

2. 动量守恒方程

基于第二牛顿定律,计算单元体中流体的动量等于该单元体上的各种力矢量和对时间项的积分,此处引入矢量的散度符号,如式(5.9)所示。

$$\frac{\partial(\rho u)}{\partial t} + \mathrm{div}(\rho u \boldsymbol{U}) = \frac{\partial \sigma_{xx}}{\partial x} + \frac{\partial \tau_{yx}}{\partial y} + \frac{\partial \tau_{zx}}{\partial z} + F_x \tag{5.9a}$$

$$\frac{\partial(\rho v)}{\partial t} + \mathrm{div}(\rho v \boldsymbol{U}) = \frac{\partial \sigma_{xy}}{\partial x} + \frac{\partial \tau_{yy}}{\partial y} + \frac{\partial \tau_{zy}}{\partial z} + F_y \tag{5.9b}$$

$$\frac{\partial(\rho w)}{\partial t} + \mathrm{div}(\rho w \boldsymbol{U}) = \frac{\partial \sigma_{xz}}{\partial x} + \frac{\partial \tau_{yz}}{\partial y} + \frac{\partial \tau_{zz}}{\partial z} + F_z \tag{5.9c}$$

式中,σ 为垂直于计算单元体面的正应力,τ 由于分子黏性作用产生的切向应力,$\boldsymbol{U}$ 为速度矢量,F_x 为作用于整个单元体的体积应力。在本书中,取 $F_x = 0$,$F_y = -\rho g \cos 24°$,$F_z = \rho g \sin 24°$。

需要特别注意的是,在 Fluent 多孔介质单元中,需要考虑动量损失项,其对于压降梯度有明显影响,且压降和流体速度成一定比例。动量损失项由黏性损失和惯性损失项组成,如式(5.10)所示。

$$S_i = \sum_{j=1}^{3} D_{ij}\mu v_j + \sum_{j=1}^{3} C_{ij}\rho v_j \mid v_j \mid \tag{5.10}$$

式中，$\sum_{j=1}^{3} D_{ij}\mu v_j$ 为黏性损失项；$\sum_{j=1}^{3} C_{ij}\rho v_j \mid v_j \mid$ 为惯性损失项；S_i 为动量损失源项，为矢量项；μ 为气体动力黏度；D_{ij} 为黏性阻力系数矩阵；C_{ij} 为惯性阻力系数矩阵。

3. 能量守恒方程

基于热力学第一定律，计算单元体中能量的变化等于热量加上体力与表面力对计算单元体所做的功。总能量为内能、动能以及势能的和，给出其偏微分形式方程(5.11)及其展开形式(5.12)。

$$\frac{\partial(\rho T)}{\partial t} + \text{div}\,(\rho U T) = \text{div}\left(\frac{k}{c_p}\text{grad}\,(T)\right) + S_T \tag{5.11}$$

$$\frac{\partial(\rho T)}{\partial t} + \frac{\partial(\rho u T)}{\partial x} + \frac{\partial(\rho v T)}{\partial y} + \frac{\partial(\rho w T)}{\partial z}$$

$$= \frac{\partial}{\partial x}\left(\frac{k}{c_p}\frac{\partial T}{\partial x}\right) + \frac{\partial}{\partial y}\left(\frac{k}{c_p}\frac{\partial T}{\partial y}\right) + \frac{\partial}{\partial z}\left(\frac{k}{c_p}\frac{\partial T}{\partial z}\right) + S_T \tag{5.12}$$

式中，c_p 为比热容，T 为温度，k 为传热系数，S_T 为黏性耗散项。

采空区气体视为理想气体，为了将上述方程封闭，还应加上气体的状态方程，根据采空区多孔介质模型的恒温假设，理想不可压缩气体流动热交换量可以忽略，因此也可以将能量方程关闭。

4. 组分输运方程

虽然本书对采空区气体组分进行了一定假设，但仍然包括 O_2、瓦斯、N_2 以及 CO_2 多种气体，因此有必要考虑组分输运问题。各组分遵循质量守恒定律，给出其组分守恒方程的展开形式：

$$\frac{\partial(\rho c_s)}{\partial t} + \frac{\partial(\rho c_s u)}{\partial x} + \frac{\partial(\rho c_s v)}{\partial y} + \frac{\partial(\rho c_s w)}{\partial z}$$

$$= \frac{\partial}{\partial x}\left(D_s\frac{\partial(\rho c_s)}{\partial x}\right) + \frac{\partial}{\partial y}\left(D_s\frac{\partial(\rho c_s)}{\partial x}\right) + \frac{\partial}{\partial z}\left(D_s\frac{\partial(\rho c_s)}{\partial x}\right) + S_s \tag{5.13}$$

式中，c_s 为组分 s 的质量分数，D_s 为组分 s 的扩散系数，S_s 为系统以外某组分加入到系统内的生产率。

根据式(5.13)可知，流体组分输运不仅与分子扩散运动有关，更加取决于流体的对流扩散运动，流体速度为主控因素。也就是说，各组分气体的浓度场主要取决于速度场，在已知的速度场基础上得到浓度场分布，进而对方程式(5.13)进行求解。

对采空区气体流动的研究中，考虑其工程实际，可以将进回风巷以及工作面同样视为多孔介质,孔隙率一般为 0.85~0.95,对整体采空区及进回风巷、工作面进行计算时,可以看作湍流模型[102]。最简单的完整湍流模型是 Launder and Spalding 根据实验总结提出的 RNG k-ε 模型,该模型包括两个半经验公式方程,如式(5.14)和式(5.15)所示,需要对速度以及长度尺度两个变量进行求解,其特点是适用范围广、计算精度合理。

$$\rho \frac{Dk}{Dt} = \frac{\partial}{\partial x_i}\left[\left(\mu + \frac{\mu_t}{\sigma_k}\right)\frac{\partial k}{\partial x_i}\right] + G_k + G_b - \rho\varepsilon - Y_M \tag{5.14}$$

$$\rho \frac{D\varepsilon}{Dt} = \frac{\partial}{\partial x_i}\left[\left(\mu + \frac{\mu_t}{\sigma_k}\right)\frac{\partial \varepsilon}{\partial x_i}\right] + C_{1\varepsilon}\frac{\varepsilon}{k}(G_k + C_{3\varepsilon}G_b) - C_{2\varepsilon}\rho\frac{\varepsilon^2}{k} \tag{5.15}$$

式中,G_k 为平均速度梯度产生的湍动能,G_b 为浮力影响产生的湍动能,Y_M 为可压缩湍流脉动膨胀对耗散率的影响,$C_{1\varepsilon}$、$C_{2\varepsilon}$、$C_{3\varepsilon}$ 均为常数项。湍流黏性系数 $\mu_t = \rho C_\mu \frac{k^2}{\varepsilon}$,$C_\mu$ 为常数项。

后有学者对 RNG k-ε 模型进行了改进,提出了 RNG k-ε 模型和带旋流修正 k-ε 模型等。本书使用的 RNG k-ε 模型来源于严格的统计技术,相比于标准 k-ε 模型,优势[184]如下:

① RNG k-ε 模型在 e 方程中加了一个条件,同时考虑了湍流的漩涡效应,提高了运算精度。

② RNG k-ε 模型将原有的湍流常数修正为一个解析公式。

③ RNG k-ε 模型理论不再只限于高雷诺数的情况,而是给出考虑低雷诺数流动黏性的解析公式,能够有效解决近壁湍流问题。

通过相应的修正,式(5.14)、式(5.15)变为式(5.16)、式(5.17)。

$$\rho \frac{Dk}{Dt} = \frac{\partial}{\partial x_i}\left[(\alpha_k \mu_{\mathrm{eff}})\frac{\partial k}{\partial x_i}\right] + G_k + G_b - \rho\varepsilon - Y_M \tag{5.16}$$

$$\rho \frac{D\varepsilon}{Dt} = \frac{\partial}{\partial x_i}\left[(\alpha_\varepsilon \mu_{\mathrm{eff}})\frac{\partial \varepsilon}{\partial x_i}\right] + C_{1\varepsilon}\frac{\varepsilon}{k}(G_k + C_{3\varepsilon}G_b) - C_{2\varepsilon}\rho\frac{\varepsilon^2}{k} - R \tag{5.17}$$

式中,α_k 和 α_ε 分别是湍动能 k 和耗散率 ε 的有效湍流普朗特数的倒数。

$$\mathrm{d}\left[\frac{\rho^2 k}{\sqrt{\varepsilon\mu}}\right] = 1.72\frac{\sqrt{\tilde{\nu}^3 - 1 - C_\nu}}{}\mathrm{d}\tilde{\nu} \tag{5.18}$$

式中,$\tilde{\nu} = \mu_{\mathrm{eff}}/\mu$,$C_\nu \approx 100$。

对上面方程积分,可以精确得到有效雷诺数(涡旋尺度)对湍流输运的影响,这有助于处理低雷诺数和近壁流动问题的模拟。在 Fluent 中,如果是默认设置,用 RNG k-ε 模型解决的是高雷诺数流动问题,而进行低雷诺数计算时,应该进行参数设置。

5.4.2 采空区物理模型

使用 ICEM 建立工作面及采空区三维物理模型,为提高运算速率和精确度,综合考虑初始化的时间、计算花费以及数值耗散等问题,划分六面体结构化网格,如图 5.21 所示,工作面长 98.98 m、宽 8.0 m、高 3.0 m,采用"U"形通风方式,轨道顺槽作为回风巷(宽 4.3 m、高 3.0 m),皮带顺槽作为进风巷(宽 4.5 m、高 3.0 m),进风口设置为速度入口,由进风风量为 1131 m³/min 可得入口速度为 1.396 m/s,回风口设置为自由出口,采空区走向长取 200 m,倾向长 98.98 m,采空区高度取 30 m。

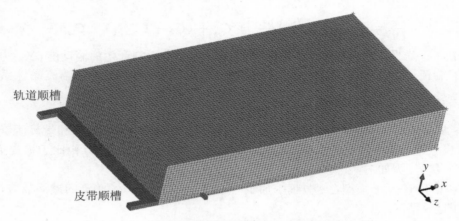

图 5.21　采空区三维物理模型

5.4.3　基本假设

为了研究采空区内部流场特征,通常将采空区视为由松散煤岩体组成的多孔介质,考虑到采空区流场分布的复杂性,对其进行合理假设和优化。

① 将采空区空气、瓦斯、N_2 以及 CO_2 均视为不可压缩的理想气体,气体密度保持不变。

② 将整个模型的全计算过程视为恒温过程,不考虑热量传递,不考虑遗煤耗氧及其所引发的氧化放热,忽略温度场对气体流场的影响。

③ 仅考虑高位钻场瓦斯抽放,不考虑回风隅角埋管抽放。

④ 将遗煤及下分层卸压瓦斯涌出均归为底板瓦斯涌出。

5.4.4　瓦斯源项分析

2009 年 6 月,煤炭科学研究总院重庆研究院对(9-15)号煤层瓦斯基本参数进行了测定,(9-15)号煤层原煤瓦斯含量为 3.85 m³/t,瓦斯压力为 0.5 MPa,透气性系数为 0.011814~0.061668 m²/MPa² · d,钻孔瓦斯流量衰减系数为 1.03~1.28d⁻¹。2012 年矿井进行瓦斯鉴定,矿井相对瓦斯涌出量为 7.75 m³/t,绝对涌出量为 19 m³/min;相对 CO_2 涌出量为 0.89 m³/t,绝对涌出量为 2.19 m³/min。采煤工作面最大瓦斯绝对涌出量为 11.05 m³/min;掘进工作面最大瓦斯绝对涌出量为 0.52 m³/min。根据《煤矿瓦斯等级鉴定暂行办法》第九条规定,新疆维吾尔自治区煤炭工业局管理局(新煤行管发〔2013〕36 号)文件批准为高瓦斯矿井。

(9-15)06 工作面为上分层,在开采过程中,随着工作面的不断推进,采空区上覆岩层发生垮落并产生大量裂隙孔隙,同时,随着底板煤层卸压导致大量瓦斯涌出,在采空区积聚。

(9-15)06 工作面上覆煤层主要为(4-5)煤,该煤层已回采,本工作面煤层采高为 9 m,采煤高度为 3 m,放顶煤高度为 6 m。采用分源法分析(9-15)06 工作面的瓦斯涌出量,工作面日产量 3565 吨,回采工作面瓦斯涌出量预测用相对瓦斯涌出量表示,以 24 h 为一个预测圆班,采用下式计算:

$$q_采 = q_1 + q_2 \tag{5.19}$$

式中,$q_采$ 为回采工作面相对瓦斯涌出量,q_1 为邻近层工作面相对瓦斯涌出量,q_2 为开采层(包括围岩)及下分层相对瓦斯涌出量。

由于邻近层早已开采完毕,且遗煤中的瓦斯残余量很少,可忽略不计,即 $q_1 = 0$,因此只需计算开采层的相对瓦斯涌出量。因本煤层厚 34.4 m,属于特厚煤层,故需要进行分层开采。根据煤层厚度,将本煤层分为三层进行回采,瓦斯涌出量可由式(5.20)计算:

$$q_2 = K_1 \cdot K_2 \cdot K_3 \cdot K_f \cdot (W_0 - W_c) \tag{5.20}$$

式中,K_1 为围岩瓦斯涌出系数,取 1.2;K_2 为工作面丢煤瓦斯涌出系数,$K_2 = \dfrac{1}{\eta}$;η 为工作面回采率,此处取值 0.85;K_3 为掘进预排系数,即采区内准备巷道预排瓦斯对开采层煤体瓦斯涌出的影响系数,此处取值 0.8;W_0 为煤层原始瓦斯含量,取值 3.85 m³/t;K_f 为分层瓦斯涌出系数,取决于煤层分层数量和顺序,本煤层分三层回采,K_f 的取值分别为第一层取值 1.82,第二层取值 0.692,第三层取值 0.488;W_c 为原煤的残存瓦斯含量,可通过式(5.21)进行计算。

$$W_c = \frac{abP}{1 + bP} \cdot \frac{1 - A_{ad} - M_{ad}}{1 + 31M_{ad}} + \frac{10FP}{ARD} \tag{5.21}$$

式中,a、b 为吸附常数;P 为煤层绝对瓦斯压力,在计算残存瓦斯压力时,取值 0.1 MPa;A_{ad} 为原煤中灰分含量;M_{ad} 为原煤中水分含量;F 为煤的空隙率,取值 0.1529;ARD 为视密度,取值 1.29 kg/m³。

根据煤的工业分析以及瓦斯吸附常数($a = 32.1004$,$b = 1.1739$)等参数,计算得出(9-15)号煤层的残存瓦斯含量为 1.11 m³/t。

根据式(5.19)~式(5.21)计算可得回采工作面瓦斯涌出量为 9.28 m³/t,已知(9-15)06 工作面日产量为 3346 t,故该工作面的绝对瓦斯涌出量为 21.56 m³/min,瓦斯密度为 0.716 kg/m³,工作面正常推采过程中,瓦斯质量源项设置为底板均匀逸散,涌出量为 0.2573 kg/s。

5.4.5　孔隙率分区编译

多孔介质孔隙率设定主要分为两大类[185]：一类是将采空区视为均匀的多孔介质，其孔隙率为常数，也有研究将采空区依照采空区覆岩垮落规律，按照"横三带"和"竖三区"分布对采空区孔隙率进行划区域分别设定；另一类是使用 UDF 对采空区孔隙率进行编译，从而实现多孔介质的非均质性或连续性。其中最为常见的编译方法有两种：第一种是沿采空区深度方向将孔隙率编译为连续函数，其倾向方向孔隙率相同，一般来说，越靠近工作面，孔隙率越大，随着向采空区内部深入，呈现指数形势减小；第二种方法考虑了地应力与采空区渗透率的关系，沿工作面倾向和走向均满足正切双曲线函数，如图 5.22 所示[186]。

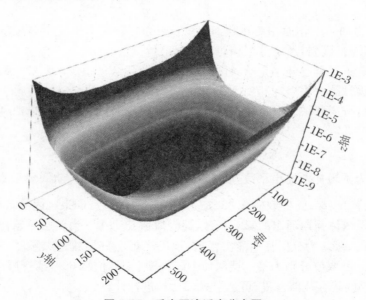

图 5.22　采空区渗透率分布图

从实际应用情况来看，通过 UDF 编译的正切双曲线函数更具有现实意义，但是由于双曲函数的对称性，其在倾向方向上，针对倾斜煤层或者急倾斜煤层的适用性便有待考究了。同时在一般研究中，走向方向上取值并不为全部采空区深度，因此，走向方向上越深入，采空区孔隙率反而越大的情况也是值得商榷的。

结合(9-15)06 工作面的工程应用实际，本书综合两类设定方法，进行分区编译采空区孔隙率。其基本思想：根据 PFC 孔隙率分布规律，在倾向方向上从轨道顺槽巷帮到皮带顺槽巷帮划分为三个大区域进行 UDF 分区孔隙率编译，即靠近两巷帮的高孔隙率区以及中间区，靠近两帮的高孔隙率区依据倾向方向孔隙率的 PFC 计算结果进行设定，该区域沿走向方向孔隙率是相同的，中间区孔隙率依据走

向方向孔隙率的 PFC 计算结果进行设定,该区域沿倾向方向孔隙率是相同的。具体编译方式如下:

1. 靠近两巷帮的高孔隙率区编译

在本书第 5.3 节给出了采空区倾向孔隙率分布特征,为了定义多孔介质模型,提取 PFC 倾向模型一次开挖后孔隙率数值,沿倾向方向孔隙率提取范围为 100 m,高度方向取 30 m,共提取六组数据,如图 5.23 所示,其中横坐标倾向长度为下巷帮距离数据测点的长度。

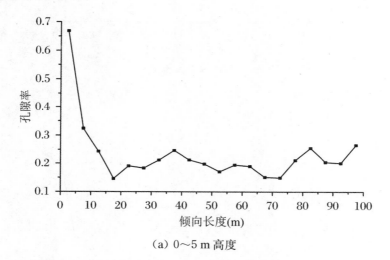

(a) 0~5 m 高度

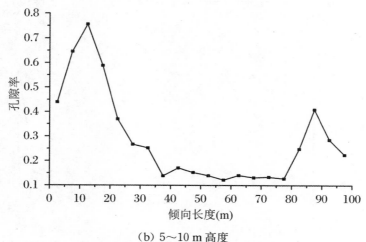

(b) 5~10 m 高度

图 5.23　采空区倾向孔隙率数值

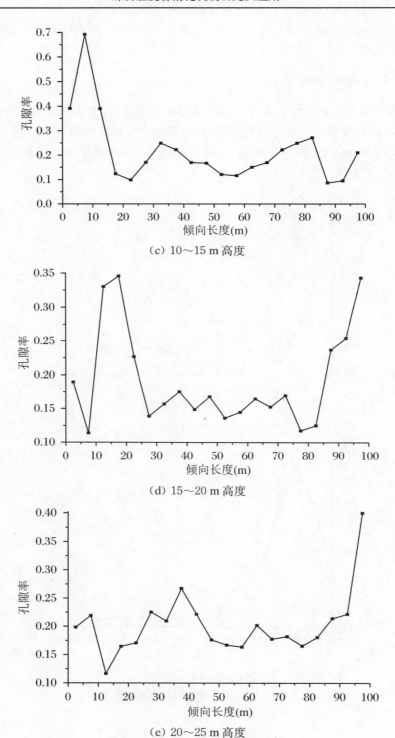

(c) 10~15 m 高度

(d) 15~20 m 高度

(e) 20~25 m 高度

续图 5.23　采空区倾向孔隙率数值

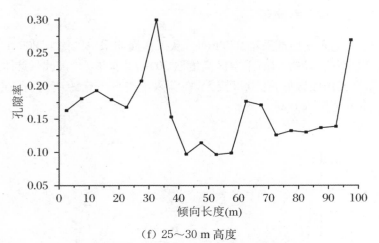

（f）25～30 m 高度

续图 5.23　采空区倾向孔隙率数值

由图 5.23 可知,对于 PFC 倾向模型来说,一般情况下,在临近两巷帮位置,孔隙率较大,且进风巷一侧高孔隙率区倾向长度为 20 m,回风巷一侧高孔隙率区倾向长度为 15 m,该两区域定义为靠近两巷帮的高孔隙率区,该两个区域的编译依据倾向方向孔隙率 PFC 计算结果进行,且沿走向方向孔隙率是相同的,最终得到靠近上下两巷帮的孔隙率如图 5.24 所示,沿倾向方向 20～85 m 范围为本次的非定义区,其具体编译见中间区孔隙率编译的研究。

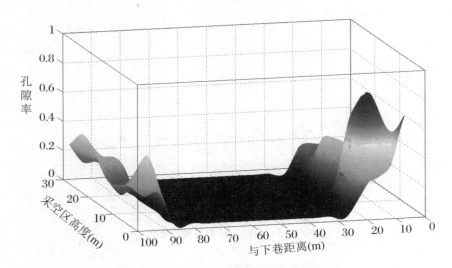

图 5.24　靠近两巷帮区孔隙率数值

2. 中间区孔隙率编译

　　提取 PFC 走向模型推采至 270 m 时,从工作面向采空区深入 200 m 的孔隙率数据,由于测量圆直径为 5 m,采空区高度取 30 m,共提取六组数据,具体如图 5.25 所示。在靠近工作面区域,孔隙率较大,在深入采空区一定距离后,孔隙率趋于稳定,且在一定的范围内波动。

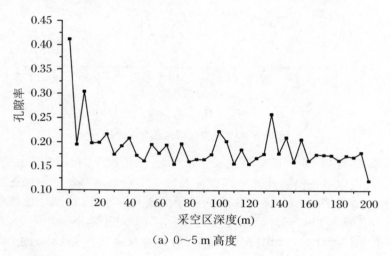

(a) 0～5 m 高度

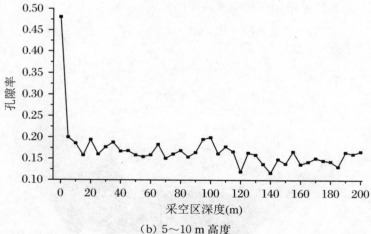

(b) 5～10 m 高度

图 5.25　采空区走向孔隙率数值

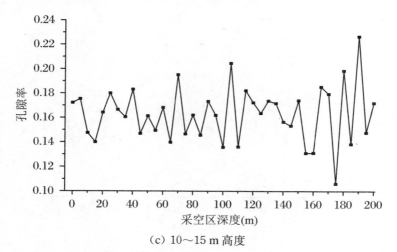

（c）10~15 m 高度

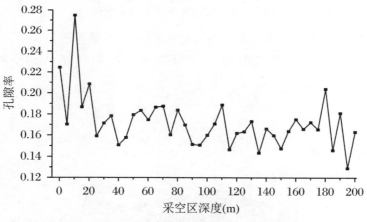

（d）15~20 m 高度

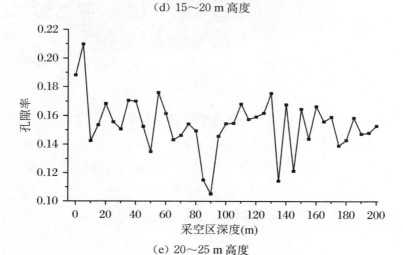

（e）20~25 m 高度

续图 5.25　采空区走向孔隙率数值

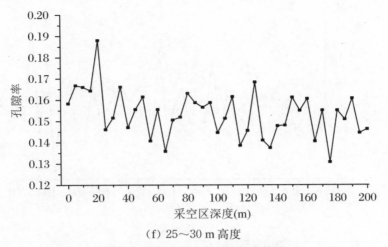

（f）25～30 m 高度

续图 5.25　采空区走向孔隙率数值

　　编译中间区孔隙率依据走向方向孔隙率 PFC 计算结果进行设定,该区域沿倾向方向孔隙率是相同的,最终得到中间区孔隙率,如图 5.26 所示。

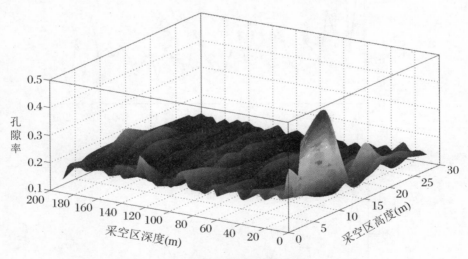

图 5.26　中间区孔隙率数值

　　多孔介质模型的关键问题就是确定多孔介质的渗透率、孔隙度及惯性阻力损失系数。根据多孔介质孔隙率计算渗透率,主要依据为卡曼公式[187],即

$$K = \frac{D_m^2 n^3}{180(1-n)^2} \tag{5.22}$$

式中,D_m 为多孔介质骨架的平均粒径,采用平均调和粒径[188]取值 0.014 m,n 为孔隙率。

5.5 基于采空区流场数值模拟的自燃危险区域判定

采空区遗煤自燃大体可划分为三个带：散热带、氧化带和窒息带。采空区散热带虽然有足够的氧浓度，煤体能得以充分的氧化放热，但产生的热量始终小于或等于散发热量，煤体不会持续升温。氧化带产生的热量大于散发热量，煤体将持续升温，当煤体在氧化带停滞的时间超过煤的自然发火周期，便有可能发生遗煤自燃现象。采空区窒息带在某一温度下，虽有足够的浮煤厚度和蓄热条件，但由于氧浓度低，使得产生的热量小于散发热量，同时低浓度氧气不会持续提供煤氧化条件。一般来说，采空区氧化带的判定条件有：按采空区内漏风风速划分（氧化带漏风风速在 0.1～0.24 m/min）、按采空区氧浓度划分（氧化带氧浓度一般为 7%～18%）和按温度变化率（氧化带温升 K≥1 ℃/d）划分，现场测定常把氧浓度及温度作为划分自燃"三带"的主要指标。

5.5.1 未抽放采空区流场数值模拟

按照无瓦斯抽放条件下，底板瓦斯涌出量为 0.2588 kg/s 进行计算，得到距离工作面底板 0.5 m（根据 85%～90% 回采率，考虑遗煤膨胀系数为 1.1，遗煤平均厚度为 0.99～1.49 m）处采空区空气浓度分布，如图 5.27 所示。

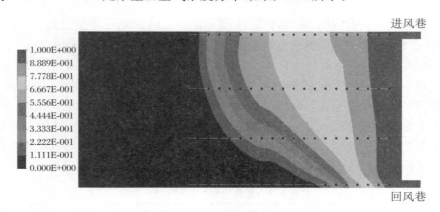

进风巷

| 1.000E+000 |
| 8.889E-001 |
| 7.778E-001 |
| 6.667E-001 |
| 5.556E-001 |
| 4.444E-001 |
| 3.333E-001 |
| 2.222E-001 |
| 1.111E-001 |
| 0.000E+000 |

回风巷

图 5.27　采空区空气浓度分布（$y = 0.5$ m）

由图 5.27 可知，随着采空区深度增加，空气浓度呈现逐渐减小的趋势，进风巷空气扩散深度高于回风巷。由于该计算案例中只含有空气和瓦斯两种气体，因此可见，越往采空区深处，瓦斯浓度越高；在进风巷一侧，在距离工作面 120 m 以后，采空区漏风极其微弱。也就是说，进风侧空气渗透范围约为 120m，瓦斯不断积聚，其体积分数甚至接近100%。在多孔介质中,流向回风巷的空气动量不断损失,使得越靠近回风侧空气浓度越低,直到回风侧,空气渗透范围降低为75 m。

　　图5.28为空气浓度在采空区立体空间上的分布,越靠近采空区顶部,空气扩散范围越大;同一高度处,进风巷侧空气浓度大于回风巷侧,在采空区顶部,空气扩散深度基本相同。同时可以得知,在回风侧顶部($y=30$ m),当深入采空区15 m时,瓦斯浓度增加到6.59%;当深入采空区30 m时,瓦斯浓度增加到14.93%;当深入采空区60 m时,瓦斯浓度增加到33.87%;当深入采空区100 m时,瓦斯浓度增加到58.04%;此后,瓦斯浓度急剧升高,为后期开展高位钻场瓦斯抽采工作提供了依据。

图5.28　采空区空气浓度立体分布

　　为了得到氧化带范围,提取图5.27所示四条直线的氧气浓度数据,每条直线布置20个测点,其中进风侧测点距离进风巷外帮2 m,临进风巷测点距离进风巷外帮33 m,回风侧测点距离回风巷外帮2 m,临回风巷测点距离回风巷外帮33 m,其高度距离底板均为0.5 m,得到的氧浓度分布如图5.29所示。据测点数据显示,在未抽放条件下回风隅角瓦斯浓度高达7%,必须采取必要的抽采和隔离措施。

　　本书以氧浓度7%~18%为氧化带划分标准,由此数据得到的氧化带分布范围如表5.3所示。其中,进风巷侧氧化带长度最大为94 m,回风巷侧氧化带长度最短,为24 m。

表5.3　遗煤自燃"三带"划分

测点位置描述	散热带范围(m)	氧化带范围(m)	氧化带长度(m)
进风巷侧	<18	18~112	94
临进风巷	<19	19~104	85
临回风巷	<17	17~78	61
回风巷侧	<13	13~33	20

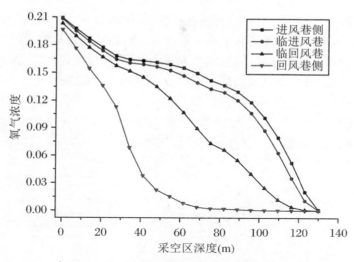

图 5.29 采空区深度方向氧气浓度分布

5.5.2 高位抽放采空区流场数值模拟

根据上一节瓦斯浓度的分析结果,结合(9-15)06 工作面瓦斯抽放实际,对高位钻孔进行简化假设,算例中仅设置一个抽放孔,终孔位置距离工作面 60 m,距离底板高度为 30 m,距离回风巷巷帮 10 m,模拟抽采流量固定为 60 m^3/min,得到如图 5.30 所示的高位抽放条件下采空区空气浓度分布。

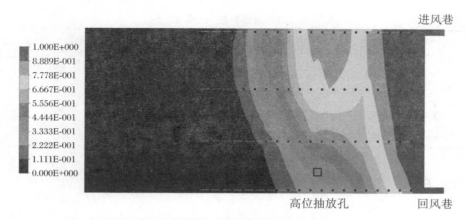

图 5.30 采空区空气浓度分布($y = 0.5$ m)

对比图 5.27,可以很明显地看出,由于高位抽放孔的存在,采空区流场分布发生了显著变化,进风侧空气渗透范围略有减小。主要原因是进风一侧深部采空区流场向抽放钻孔位置处移动,底板涌出的瓦斯前移;而靠近回风巷一侧,空气渗透范围明显增加,这主要是因为靠近抽放钻孔处负压增大,由进风巷流入的空气量增大。同时,该结果也较好地解释了高位钻场抽放初始阶段抽放纯量较大,随后逐渐趋于稳定的原因。需要注意的是,本书为简化模型,假设回风侧埋管抽放与回风巷直连,因此在隅角处仍存在较高的瓦斯浓度,最高值达到2%。

　　采取同样的方法进行数据提取,得到高位抽放条件下采空区深度方向氧气浓度分布,如图5.31所示,其自燃"三带"具体划分见表5.4。对比无抽放条件下数值模拟结果,靠近进风侧,采空区氧化带长度减小,靠近回风侧,氧化带长度增大。

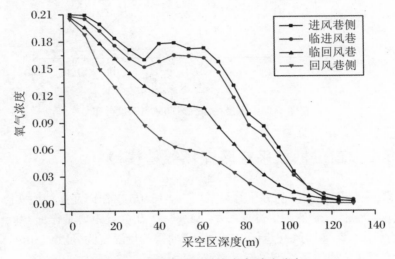

图 5.31　采空区深度方向氧气浓度分布

表 5.4　遗煤自燃"三带"划分

测点位置描述	散热带范围(m)	氧化带范围(m)	氧化带长度(m)
进风巷侧	<23	23~93	70
临进风巷	<20	20~89	69
临回风巷	<16	16~73	57
回风巷侧	<10	10~41	31

5.5.3　采空区自燃"三带"现场观测

　　(9-15)06工作面采空区自燃"三带"观测采用采空区埋管的方式进行温度和气体监测,如图5.32所示。在进风巷布置"L"型管路,在1♯、2♯和3♯测点分别设置三通,在回风巷布置直线型管路,仅设置4♯测点,四个监测点均匀布置在采空区倾向方向且均安设铠装温度传感器和束管。为了防止温度传感器被采空区冒落的煤岩砸坏以及防止取样胶管被压实或被粉尘堵塞以至无法抽取气样,需对温度传感器和束管端头进行保护。

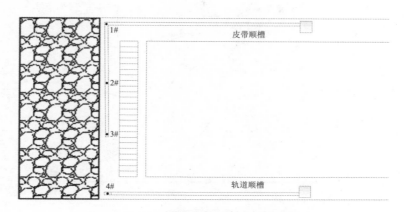

图 5.32　采空区自燃"三带"观测示意图

采空区自燃"三带"观测管路铺设完成后,随着工作面不断往前推进,四个测点不断埋入采空区,通过每天传感器的读数和束管系统的气体分析数据来掌握采空区内的氧化情况。根据测点布置和所得数据,分别对四个测点的 O_2 浓度变化、温度数据等进行分类比较分析,如图 5.33 所示。

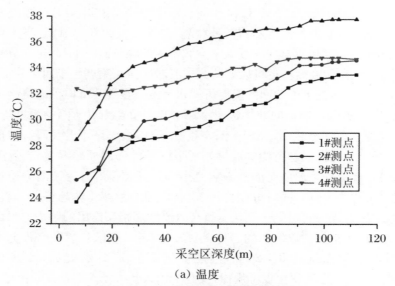

（a）温度

图 5.33　采空区自燃"三带"观测结果

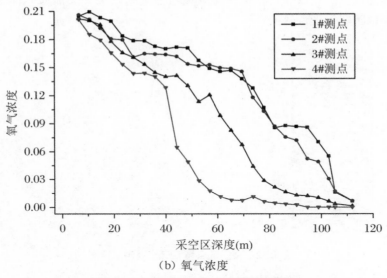

（b）氧气浓度

续图 5.33　采空区自燃"三带"观测结果

　　从图 5.33（a）中可以看出，在自燃"三带"观测全程，采空区内温度随着采空区深度的增大而增加，但是上升幅度太大，1♯测点上升了 9.8 ℃，2♯测点上升了9.2 ℃，3♯测点上升了 9.3 ℃，4♯测点上升了 2.3 ℃。测点埋入采空区的初始阶段，1♯测点温度最低，为 23.7 ℃，4♯测点温度最高，为 32.4 ℃。这主要是因为1♯测点位于进风巷道附近，进风巷持续提供温度较低的新鲜风流，当测点深入采空区 6.5 m 时，温度传感器并未埋入采空区冒落的煤与矸石下，而是充分暴露于进风风流中，因此所测温度接近进风巷新鲜风流温度；4♯测点位于回风巷道隅角，通过实测工作面隅角处生产期间的温度可知，4♯测点在 6.5 m 时的温度接近回风隅角环境温度。随着工作面向前推进，1♯、2♯以及 3♯测点所测的温度均有升高，4♯测点温度变化明显相反，在埋入采空区 6.5 m 后，温度不升反降。造成这种现象的原因是，4♯测点最初所测的温度是回风隅角外部的原始温度，当温度测点埋入采空区后，外部环境温度对测点影响变小，因此逐渐降低；后又因为遗煤的自燃氧化，温度又逐步上升。同时可以看出，观测期间的温度总体趋势是一直上升的，这说明采空区遗煤一直是处于氧化蓄热与风流散热相互作用的阶段。温度参数虽然可以反映出采空区遗煤氧化的趋势，但是从判定采空区自燃"三带"分布的指标依据来看，1♯测点从 6.5～20 m，温度变化大于 1 ℃/d，此后，温升变化小于0.5 ℃/d；2♯测点温度变化极不规律，仅有个别天数大于 1 ℃/d，其中大多数时间温升变化小于 0.5 ℃/d；3♯测点从 6.5～20 m，温度变化大于 1 ℃/d，后期阶段，温升变化小于 0.5 ℃/d；4♯测点全测定周期未见有温度变化大于 1 ℃/d 的情况。综合回风流 CO 浓度测定结果来看，本次采空区温度测定结果并不能反映其采空区真实氧化情况，主要是由于采空区温度受围岩及环境温度的影响较大。因此，在此次"三带"划分判定中,温度只作为辅助指标,O_2 指标作为主要判定指标。根据氧化带氧浓度一般为 7%～18% 的划分标准,以及图 5.33(b),可得到如图 5.34 所示的采空区自然"三带"观测结果。

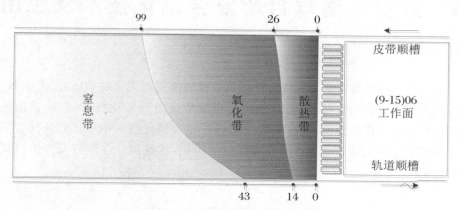

图 5.34 采空区自燃"三带"分布

进风巷侧 1♯ 测点氧化带范围为 26～99 m,长度为 73 m,越靠近回风侧,氧化带长度越短;2♯ 测点氧化带范围为 23～90 m,长度为 67 m;3♯ 测点氧化带范围为 16～69 m,长度为 53 m;4♯ 测点氧化带范围为 14～43 m,长度为 29 m。

通过对比自燃"三带"的现场观测数据与高位抽放条件下的数值模拟结果,两者在散热带、氧化带以及窒息带分布范围差别不大。由此可见,本书所提出的基于采空区流场分布的遗煤自燃危险区域判定方法是准确可行的。

6　采空区遗煤自燃复合惰化技术及应用

　　为了进一步提高自然发火危险性较高矿井的惰气防灭火效果,综合考虑 N_2 和 CO_2 在防灭火方面的优势及特点,本书提出采空区复合惰化技术,以硫黄沟煤矿 (9-15)06 综放工作面为例,通过数值模拟分析复合惰化技术中单体式压注方案以及分体式压注方案对采空区自燃危险区域的影响,优选最佳注惰方案并进行现场工业性应用。

6.1　采空区遗煤自燃复合惰化技术

　　目前最常用的采空区防灭火惰性气体主要有 N_2 和 CO_2,由第 3 章实验可知,在煤低温氧化阶段,CO_2 的惰化效果要优于 N_2,且煤对 CO_2 的吸附作用远高于 N_2,从而可以保证惰气更好的吸附在煤体。因此,不少矿区利用 CO_2 取代 N_2 进行采空区防灭火工作。由于 CO_2 密度较大,为空气的 1.53 倍,因此 CO_2 气体常聚集在采空区下部位置,N_2 略轻于空气会浮于遗煤上部位置,对于综采工作面采空区来讲,遗煤多集中在煤层底板附近。所以,在综采采空区注 CO_2 会取得更好的防灭火效果。但是,由于开采空间及支持空间的不同,综放工作面与综采工作面在遗煤分布上有很大区别,单纯注 N_2 或者 CO_2 并不能发挥其最佳防灭火优势。

　　结合第 5 章采空区覆岩运动规律及相关研究[82]可知,综放工作面直接顶往往和顶煤一块冒落,在冒落初期,分布较为规律;随着顶煤的放出,已冒落直接顶岩体在分布上出现不规律性;在放煤工序将要结束的时候,冒落的直接顶岩块与顶煤一起放出,这就导致采空区遗煤在高度分布上存在分层特点,自下而上分别为浮煤带、浮煤与矸石混合带、矸石带。浮煤带遗煤分布较为均匀,受开采工艺影响,其上部的浮煤与矸石混合带分布则具有随机性。同时,综放采空区两顺槽遗煤厚度较大,受巷帮煤壁的支撑作用,该区域遗煤块度较大,分布较为松散。

　　基于上述考虑,提出采空区注 N_2 和 CO_2 的复合惰化技术,以发挥两种气体的空间分布优势;同时,也可以避免当 CO_2 作为单一惰性气体进行日常防火时易导致工作面或回风流 CO_2 超标等问题。需要特别指出的是,本书提出的复合惰化技术中的"复合"概念不仅局限于两种惰性气体的混合与空间立体分布,也包含了不同高度注惰口位置的空间分布,根据注惰口位置的不同可分为采空区单体式注惰方案和采空区分体式注惰方案。采空区单体式注惰方案是复合惰化技术中最简单的形式,即采用在进风隅角埋管同时压注 N_2 和 CO_2 的方法,以确保不同惰气发挥其惰化优势,是对目前进风隅角埋管压注单一气体的升级。采空区分体式注惰方案,顾名思义就是将单体式注惰口分开,其中一个注惰口深入采空区紧邻进风巷巷帮,另外一个注惰口深入采空区位于下风侧某一位置处,每个注惰口均同时压注 N_2 和 CO_2 两种气体。

6.2　采空区单体式注惰方案研究

本节以硫黄沟煤矿(9-15)06综放工作面为例,通过数值模拟分析复合惰化技术中单体式压注方案对采空区自燃危险区域的影响,即采用在进风隅角埋管同时压注 N_2 和 CO_2 的方案。

由于在工程实践中注惰参数繁多,本书对其进行合理简化,不再考虑不同惰气量以及惰气占比对采空区自燃危险区域的影响,人为拟定压注 N_2 和 CO_2 的比例相同。一般来说,在保证惰气不会大量逸散到工作面的前提下,注惰量越大,惰化防灭火效果越好。下面参考采空区防火注氮量计算方法进行注惰量的初步计算如下:

(1) 根据产量计算

$$Q = \frac{A}{1440\rho t n_1 n_2} \times \left(\frac{C_1}{C_2} - 1 \right) \tag{6.1}$$

式中,Q 为分钟注惰量;A 为工作面年产量,取值 1.26×10^6 t;t 为工作面年工作日,取值 276 d;ρ 为煤的密度,取值 1.29 t/m³;n_1 为管路输惰效率,取值 80%;n_2 为采空区注惰效率,取值 80%;C_1 为空气氧体积分数,取值 21%;C_2 为采空区自燃危险区域惰化指标,取值 7%。

(2) 根据吨煤注惰量计算

$$Q = \frac{5AK}{1440t} \tag{6.2}$$

式中,K 为工作面回采率,取值 90%。

(3) 根据瓦斯量计算

$$Q = \frac{Q_{air}C}{10 - C} \tag{6.3}$$

式中,Q_{air} 为工作面风量,取值 1131 m³/min;C 为回风流瓦斯浓度,取值 0.3%。

根据产量计算,得到的注惰量为 7.68 m³/min;根据吨煤计算,得到的注惰量为 14.27 m³/min;根据瓦斯量计算,得到的注惰量为 0.34 m³/min;这三种方法计算后考虑 1.2 倍安全备用系数取值为 17.13 m³/min,为了更加清晰地对比单体式注惰及分体式注惰两种技术方案的效果,本次计算增加注惰量至 1200 m³/h,即同时压注 N_2 和 CO_2 各 600 m³/h。当随着工作面推进至 30 m、60 m 以及 90 m 时,采空区空气浓度分布如图 6.1 所示。

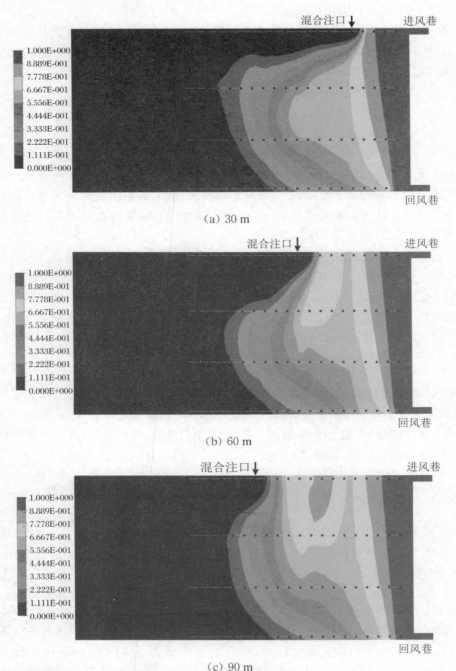

(a) 30 m

(b) 60 m

(c) 90 m

图 6.1　单体式混合注惰条件下采空区空气浓度分布

由图 6.1 可知,不同位置注混合惰气对空气浓度分布影响较大,由于受进风巷风流影响,惰气浓度分布呈现出狭长的形状,且越靠近进风隅角,狭长度越大,表现为深入采空区的深度越小,惰气在走向上扩散范围越大。由于惰气量是固定的,因此在倾向方向上扩散范围越小。当随着注气口深入到采空区深部时,尤其是当达到 90 m 时,惰气扩散范围在走向及倾向上相差不大。为了表征惰气口位置对采空区自燃"三带"的定量化影响,故采用后处理软件进行数据提取,得到如图 6.2 所示的不同注惰口位置处采空区深度方向氧气浓度分布。

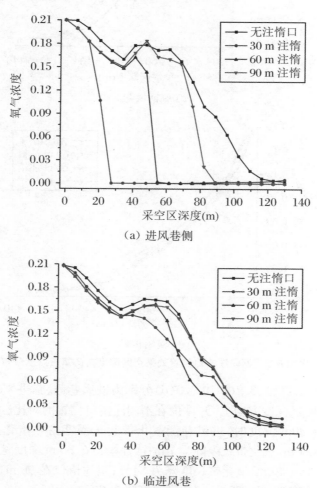

图 6.2　不同注惰口位置处采空区深度方向氧气浓度分布

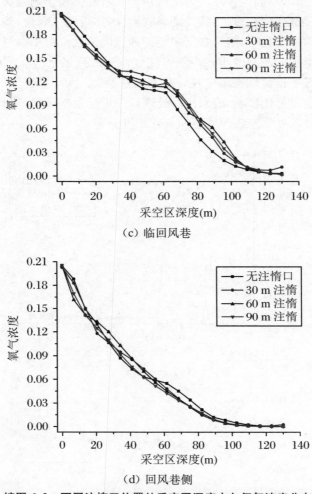

(c) 临回风巷

(d) 回风巷侧

续图 6.2　不同注惰口位置处采空区深度方向氧气浓度分布

　　图 6.2(a)、6.2(b)、6.2(c)和 6.2(d)分别为进风巷侧、临进风巷、临回风巷以及回风巷侧采空区深度方向上 O_2 浓度在不同注惰口位置的对比。由图 6.2(a)可知,当注惰口在 30m 深度时,进风巷侧氧化带起止深度由非惰化条件下的 $23\sim$ 93 m变为 $14\sim21$ m,氧化带长度降为 7 m;当注惰口在 60 m 深度时,进风巷侧氧化带起止深度为 $15\sim49$ m,氧化带长度降为 34 m;当注惰口在 90 m 深度时,进风巷侧氧化带起止深度为 $16\sim76$ m,氧化带长度降为 60 m。可见,当注惰量一定时,进风隅角处注惰口位置越靠近工作面,进风巷侧惰化效果越好。然而需要特别注意的是,注惰条件与非注惰条件相比,氧化带起始深度减小,且随着注惰口深度的增加,氧化带起始深度才逐渐增加。也就是说,在一定范围内,注惰口越靠近工作面,氧化带起始深度越小,从而导致惰气逸散到工作面的危险性增加。

通过图 6.2(b)可知,当注惰口在 30 m 深度时,临近进风巷侧氧化带深度由非惰化条件下的 20～89 m 变为 13～76 m,氧化带长度由 69 m 降为 63 m;当注惰口在 60 m 深度时,临近进风巷侧氧化带起止深度为 12～69 m,氧化带长度降为 57 m;当注惰口在 90 m 深度时,临近进风巷侧氧化带起止深度为 12～89 m,氧化带长度略有增加,为 77 m。

通过图 6.2(c)可知,当注惰口在 30 m 深度时,临近回风巷侧氧化带深度由非惰化条件下的 16～73 m 变为 12～74 m,氧化带长度由 57 m 略有增加,变为 62 m;当注惰口在 60 m 深度时,临近回风巷侧氧化带深度为 12～75 m,氧化带长度增加,为 63 m;当注惰口在 90 m 深度时,临近回风巷侧氧化带深度变为 12～78 m,氧化带长度略有增加,为 66 m。

通过图 6.2(d)可知,当注惰口在 30 m 深度时,回风巷侧氧化带深度由非惰化条件下的 10～41 m 变为 10～48 m,氧化带长度由 31 m 增加为 38 m;当注惰口在 60 m 深度时,回风巷侧氧化带起止深度为 9～43 m,氧化带长度变为 34 m;当注惰口在 90 m 深度时,回风巷侧氧化带起止深度为 9～42 m,氧化带长度变为 33 m。

综合来看,在进风隅角埋设注惰口进行注 N_2 及 CO_2,会大大降低进风巷侧氧化带长度;然而当远离进风巷巷帮一段距离后,氧化带的长度不减反而增加,这主要是由于当注惰量达到一定值后,加大了进回风巷侧的压能差,导致该区域漏风程度增大,空气渗透到采空区深部位置。同时还可以看出,进风巷深处注惰对回风巷侧氧化带基本上没有影响。对于整个采空区来讲,当注惰口在 30 m 深度时,总体氧化带长度由 70 m 降为 63 m,且窒息带前移 17 m;当注惰口在 60 m 深度时,总体氧化带长度减为 63 m,且窒息带前移 18 m,此时防火效果为最佳;当注惰口在 90 m 深度时,虽然总体氧化带长度略有增加,为 77 m,延长了 7 m,但是窒息带仅前移 4 m,遗煤将更快地被甩入窒息带,防火效果不如前两种情况。可见,单体式注惰口位置对整体氧化带长度的影响较大,在一定的注惰量条件下,存在一个最优位置,此时氧化带长度最短;当偏离此位置时,氧化带长度均在此基础上增加。同时,该最优位置随着注氮量的减小逐渐向工作面方向移动,此处不再列出具体数值。

6.3 采空区分体式注惰方案研究

采空区分体式注惰技术方案,是指将单体式注惰口分开,其中一个注惰口深入采空区紧邻进风巷巷帮,另外一个注惰口深入采空区位于下风侧某一位置处,两个注惰口均同时压注 N_2 和 CO_2 两种气体,其管路布置如图 6.3 所示。

本书在探索性研究过程中发现，当下风侧注惰口距离回风巷巷帮过近时，容易发生回风隅角 CO_2 超限的情况；当距离过远时，其惰化区域发生变化，不能对采空区回风巷巷帮附近遗煤起到很好的惰化效果。通过反复模拟计算，在本书所选取的注气量条件下，选择最佳下风侧注惰口在倾向方向距离回风巷巷帮为 40 m。根据两个注惰口在走向上的相对位置，又可分为平行共进式注惰方案和非平行递进式注惰方案，下面就上述两个方案情况下，随着工作面的推移，采空区氧化带的变化进行分析。

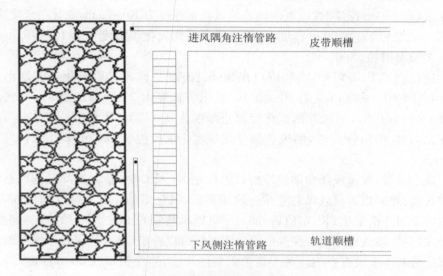

图6.3　分体式惰化管路布置

6.3.1　平行共进式注惰方案分析

平行共进式注惰方案即进风隅角注惰口与下风侧注惰口无论在任何时候，距离工作面的走向距离相同。本书给出三个特定时期的采空区空气浓度：① 前期阶段，进风隅角注惰口与下风侧注惰口距工作面走向长度为 30 m，如图 6.4(a)所示；② 中期阶段，两个注气口距工作面走向长度均为 60 m，如图 6.4(b)所示；③ 后期阶段，两个注气口距工作面走向长度均为 90 m，在倾向方向上，进风隅角注惰口紧邻进风巷外巷帮，下风侧注惰口距离回风巷外巷帮 40 m，如图 6.4(c)所示。

为了定量化研究平行共进式注惰对采空区氧气浓度分布的影响，提取如图6.5所示的不同推采阶段采空区深度方向氧气浓度分布值。

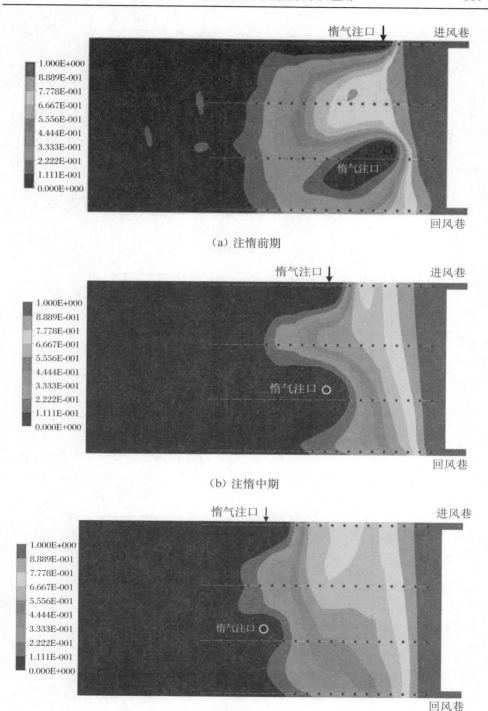

（a）注惰前期

（b）注惰中期

（c）注惰后期

图 6.4　平行共进式注惰条件下采空区空气浓度分布

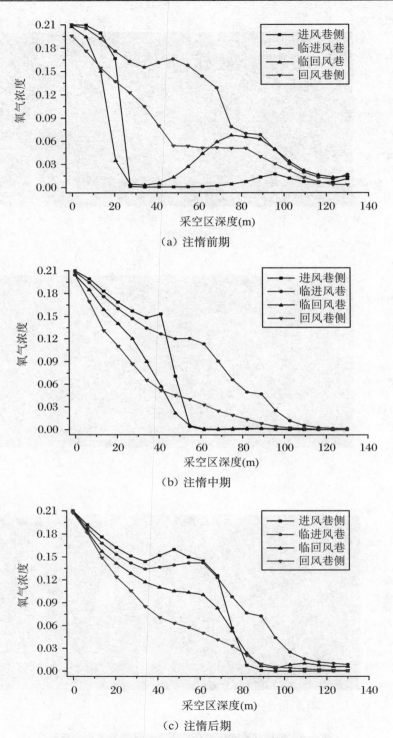

（a）注惰前期

（b）注惰中期

（c）注惰后期

图 6.5　不同推采阶段采空区深度方向氧气浓度分布

由图 6.4(a)、6.5(a)可知,在注惰的前期阶段,进风巷侧氧化带起止深度为 14~21 m,氧化带长度仅为 7 m;临进风巷侧氧化带起止深度为 16~77 m,氧化带长度为 61 m;临回风巷侧氧化带起止深度为 9~17 m,氧化带长度为 8 m;回风巷侧氧化带起止深度为 6~41 m,氧化带长度为 35 m。由图 6.4(b)、6.5(b)可知,在注惰的中期阶段,进风巷侧氧化带起止深度为 16~48 m,氧化带长度为 32 m;临进风巷侧氧化带起止深度为 12~72 m,氧化带长度为 60 m;临回风巷侧氧化带起止深度为 10~37 m,氧化带长度为 27 m;回风巷侧氧化带起止深度为 6~32 m,氧化带长度为 26 m。由图 6.4(c)、6.5(c)可知,在注惰的后期阶段,进风巷侧氧化带起止深度为 13~82 m,氧化带长度为 69 m;临进风巷侧氧化带起止深度为 15~88 m,氧化带长度为 73 m;临回风巷侧氧化带起止深度为 16~67 m,氧化带长度为 51 m;回风巷侧氧化带起止深度为 10~41 m,氧化带长度为 31 m。

综合来看,在平行共进式注惰整个周期内,随着工作面的推进,注惰口不断深入。当注惰口达到 30 m 时,总氧化带长度为 61 m;当注惰口继续深入达到 60 m 时,氧化带长度缩短至 60 m;当注惰口继续深入,惰化氧化带总长度效果减弱;当深度达到 90 m 时,氧化带总长度为 73 m。因此,可以在埋管深度未达到 90 m 时,进行注惰口更换。以上变化趋势与单体式注惰一致,但是,其惰化效果高于单体式注惰方式,因此在施工条件允许的条件下,对于自然发火危险性较高的矿井可以采用此方案。

6.3.2 非平行递进式注惰方案分析

在分体式注惰过程中,由于高位下风侧注惰口埋设较为复杂,为了减少现场埋管次数,本书提出非平行递进式的注惰方案,如图 6.6 所示。对于进风巷侧,由于施工较简单,且距离工作面 90 m 处的注口惰化效果不佳,仅保留距离工作面 30 m 和 60 m 的注惰口,即注惰口①和②;对于下风侧注惰口保留了④、⑤、⑥。也就是说,临近回风巷一侧的注惰口服务距离为 90 m。当管道初次埋入采空并深入 30 m 时,两注惰口相对位置如①+④所示,随着工作面的推进,注惰口相对位置逐渐变为②+⑤→①+⑥→②+④→①+⑤→②+⑥,如此为一整个循环过程。

初始两个阶段与平行共进式的注惰口位置完全相同,此处不再列出数值模拟结果,仅列出后四个阶段的计算结果,如图 6.7 所示。

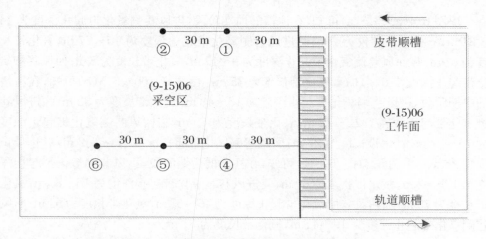

图 6.6　非平行递进式注惰口相对位置示意图

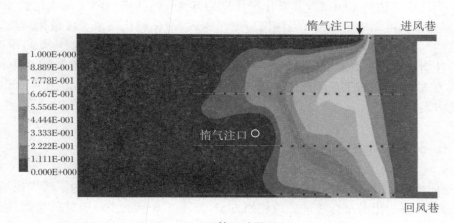

（a）第三阶段

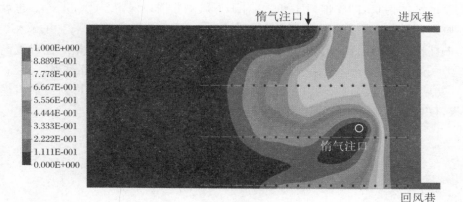

（b）第四阶段

图 6.7　非平行递进式注惰条件下采空区空气浓度分布

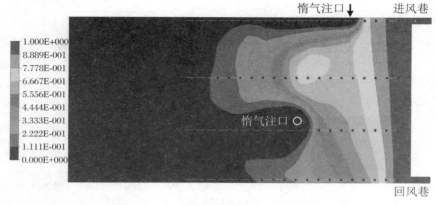

（c）第五阶段

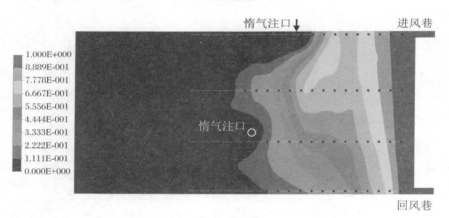

（d）最后阶段

续图 6.7 非平行递进式注惰条件下采空区空气浓度分布

为了定量化研究非平行递进式注惰对采空区氧气浓度分布的影响，提取如图 6.8 所示的注惰全周期后四个阶段采空区深度方向氧气浓度分布，其数据均来自距离底板 0.5 m 处。

注惰周期内前两个阶段结果见图 6.4(a) 和图 6.4(b)。

由图 6.7(a)、图 6.8(a) 可知，在注惰周期的第三阶段，注口为 ① ＋ ⑥，进风巷侧氧化带起止深度为 20～26 m，氧化带长度仅为 6 m；临进风巷侧氧化带起止深度为 18～81 m，氧化带长度为 63 m；临回风巷侧氧化带起止深度为 11～69 m，氧化带长度为 58 m；回风巷侧氧化带起止深度为 9～31 m，氧化带长度为 22 m。

由图 6.7(b)、图 6.8(b) 可知，在注惰周期的第四阶段，注口为 ② ＋ ④，进风巷侧氧化带起止深度为 21～50 m，氧化带长度为 29 m；临进风巷侧氧化带起止深度为 18～83 m，氧化带长度为 65 m；临回风巷侧氧化带起止深度为 12～23 m，氧化带长度为 11 m；回风巷侧氧化带起止深度为 11～42 m，氧化带长度为 31 m。

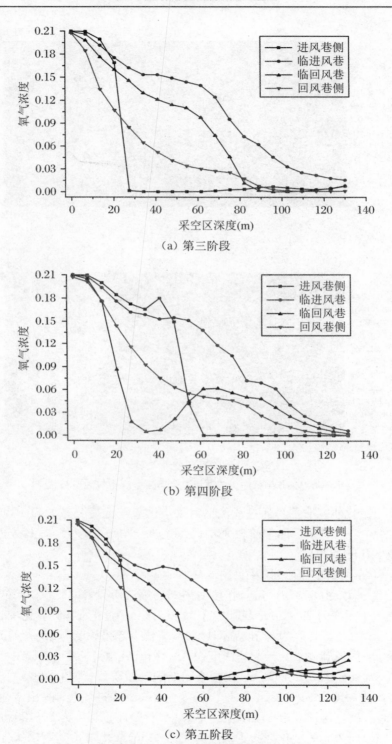

(a) 第三阶段

(b) 第四阶段

(c) 第五阶段

图 6.8 不同推采阶段采空区深度方向氧气浓度分布

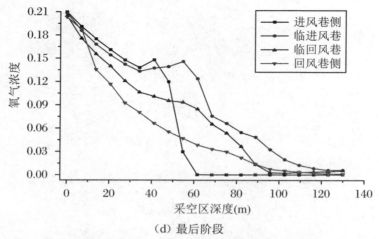

（d）最后阶段

续图 6.8 不同推采阶段采空区深度方向氧气浓度分布

由图 6.7(c)、图 6.8(c)可知,在注惰周期的第五阶段,注口为①＋⑤,进风巷侧氧化带起止深度为 15～21 m,氧化带长度仅为 6 m;临进风巷侧氧化带起止深度为 12～74 m,氧化带长度为 62 m;临回风巷侧氧化带起止深度为 11～48 m,氧化带长度为 37 m;回风巷侧氧化带起止深度为 10～42 m,氧化带长度为 32 m。

由图 6.7(d)、图 6.8(d)可知,在注惰周期的最后阶段,注口为②＋⑥,进风巷侧氧化带起止深度为 12～48 m,氧化带长度为 36 m;临进风巷侧氧化带起止深度为 10～75 m,氧化带长度为 59 m;临回风巷侧氧化带起止深度为 8～63 m,氧化带长度为 55 m;回风巷侧氧化带起止深度为 7～35 m,氧化带长度为 28 m。

为了更清晰地分析平行共进式以及非平行递进式注惰的效果,对整周期内采空区不同倾向方向以及总氧化带长度进行对比,如图 6.9 所示。

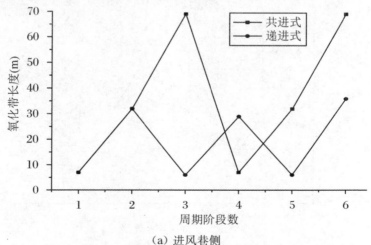

（a）进风巷侧

图 6.9 全周期不同位置氧化带长度对比图

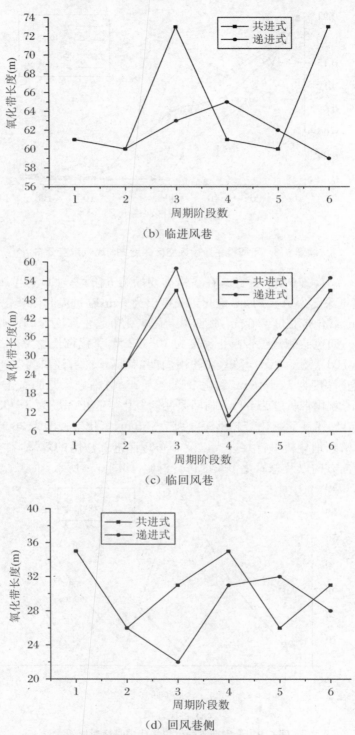

（b）临进风巷

（c）临回风巷

（d）回风巷侧

续图 6.9　全周期不同位置氧化带长度对比图

由此可见,非平行递进式比平行共进式惰化效果更好。此外,应该注意的是,当平行共进式以 60 m 为周期时,两者惰化效果相当,在选择注惰口深度的时候,应根据现场实际情况来确定:若临近上巷较容易铺设注 CO_2 管道,可采用平行共进式,若铺设难度较大,可采用非平行递进式,从而延长下风侧注惰管路的服务长度。

6.4 复合惰气制备工艺及设备

山东科技大学注惰防灭火项目课题组自行研制了气体混合设备,研发设计了复合惰化气体制备工艺。可采用 N_2 与 CO_2 以体积比为 1:1 配制复合惰性气体,向采空区后部注入该比例下复合惰性气体抑制遗煤自燃。复合惰化气体的具体制备工艺如下:

采用如图 6.10 所示的 CO_2 惰性防灭火工作站向井下注 CO_2 惰气。液态 CO_2 由 CO_2 槽车运输,是气态 CO_2 经过低温冷冻液化而成的,槽车内液态 CO_2 温度较低,不能直接用管道运输用于井下防灭火工作,否则极易导致输气管道损坏,因此一般经过加热至气态后才能将 CO_2 运输至井下,液态 CO_2 运输槽车如图 6.11 所示。

图 6.10　CO_2 设备站　　　　　图 6.11　液态 CO_2 运输槽车

井下 N_2 由制氮装置制备而成,制氮装置主要由空气压缩机段、空气预处理段、制氮主机段以及产品氮气段所组成,系统之间由高压快接软管连接。设备结构为箱式,安装在矿用平板车上,在井下该设备可防尘、防水、防撞。箱体表面分别镶嵌空气预处理系统差压表、制氮主机压力表。其制氮原理为:中空纤维膜对气体都是可透的,只要在膜的两侧存在压力差就会发生气体渗透。膜分离气体的总过程是气体分子在膜中的溶解和扩散,即气体在膜的高压侧表面以不同的溶解度溶于膜内,然后在膜两侧压力差的推动下,气体的分子以不同的速度向膜低压侧扩散。由于气体中各组分的渗透系数有差别,即不同气体透过膜的速率不同,渗透速率快的气体快速透过膜进入膜的渗透侧富集。同时,相对速率慢的气体富集于膜的滞留侧,从而实现了不同气体在膜的两侧富集而分离。富集后的 N_2 出口压力大小几乎和压缩空气进入膜组件时的压力相同,动力损耗非常小,这就实现了空气中的氧氮分离。井下膜分离制氮机设备如图 6.12 所示,膜分离组件如图 6.13所示。

图 6.12　膜分离制氮机图

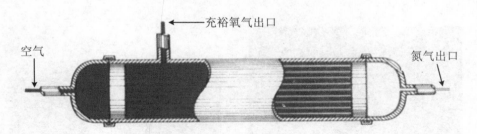

图 6.13　膜分离组件示意图

　　由于 N_2 与 CO_2 物理性质的差异,若不加处理直接将两种气体进行混合,在垂直方向上极容易出现气体浓度分布不均的情况,因此必须通过设备进行处理,促使两种气体充分混合均匀。因此,山东科技大学自发研制了如图 6.14 所示的 CO_2、N_2 气体混合设备,其实物图如 6.15 所示。N_2 和 CO_2 分别由左边两处气体入口处进入设备,通过法兰及卡扣装置,直接将 N_2 和 CO_2 管路与设备相连。在设备内气流经过反复混合制成复合惰性气体,气体由两处出口管路送入采空区。

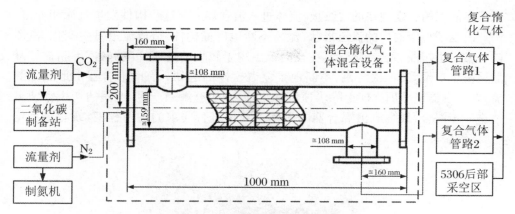

图 6.14　气体混合装置示意图

图 6.15　气体混合设备实物图

　　混合器的工作原理就是让流体在管线中流动冲击各种类型板元件,增加流体层流运动的速度梯度或形成湍流。层流时是"分割—位置移动—重新汇合";湍流时,流体除上述三种情况外,还会在断面方向产生剧烈的涡流,有很强的剪切力作用于流体,使流体进一步分割混合,最终混合形成所需要的乳状液。其混合过程是由一系列安装在空心管道中的不同规格的混合单元进行的。由于混合单元的作用,使流体时而左旋,时而右旋,不断改变流动混合方向,不仅将中心流体推向周边,还将周边流体推向中心,从而造成良好的径向混合效果。与此同时,流体自身的旋转作用在相邻组件连接处的接口上也会发生,这种完善的径向环流混合作用使得流体能够充分混合均匀。静态混合器是一种没有运动的高效混合设备,通过固定在管内的混合单元内件,使二股或多股流体产生切割、剪切、旋转和重新混合,达到流体之间良好分散和充分混合的目的。适用于黏度小于等于 102 Pa·s 的液-液、液-气、气-气的混合乳化、反应、吸收、萃取、强化传热过程。

　　sv 型静态混合器作为 N_2 以及 CO_2 气体充分混合的实验设备,其内部主要 sv 型单元是由一定规格的波纹板组装而成的圆柱形,如图 6.16 所示。

　　sv 型单元是由一定规格的波纹板组装而成的圆柱形,分散程度为 $1\sim2$ mm,液-液相及气-气相不均匀度系数为 $0.01\sim0.05$,适用于黏度小于等于 0.1 Pa·s 的均相或非均相混合和化学反应、吸收、萃取、传热、传质等过程。混合器中,布置安装了很多静态的一定规格的波纹板,流体进入混合器后与这些构件发生碰撞和冲击,构件改变了混合器内的流道形状,流体不断地碰撞构件,造成流道发生变化,流体同时发生了扭曲、旋转等运动,在径向上出现了较大的速度梯度,流体不断被分割然后发生汇聚,又再次分割,不断地重复着这样的运动。有时混合器中形成了湍流,在混合器横截面方向上除了速度梯度增大,还有漩涡产生,漩涡的产生促使流体进一步混合,最终流出混合器的流体达到了符合要求的均匀程度,或者浓度均一,或者温度均一。

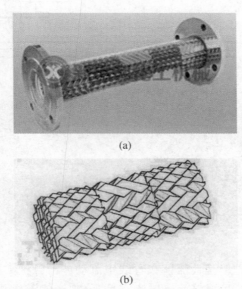

(a)

(b)

图 6.16　sv 型混合器

　　由地面 CO_2 制备站制备而得的 CO_2 气体以及由井下制氮机制备而得的 N_2,在复合惰性气体混合设备处得到充分混合,两种气体互相混合均匀后,复合惰性气体由此得以制成,如图 6.17 所示。

图 6.17　井下气体混合设备图

6.5　工程应用及效果分析

6.5.1　采空区分体式注惰

本书选用非平行递进式注惰方案进行试验,其初始惰化管路分布如图 6.3 所示。(9-15)06 工作面进风隅角埋设管路进行注惰,注惰管路布置:制氮机房→斜风井→集中回风上山→(9-15)06 皮顺回风联络巷→(9-15)06 皮带顺槽→(9-15)06 工作面进风隅角。当预埋在皮带顺槽的直线型管路进入采空区 20 m 后,开始进行预防性注惰;当管路进入采空区 50 m 时,预埋第二趟管路;当第一趟管路深入采空区 70 m 时断开,开始利用第二趟管路进行注惰,以此类推。

(9-15)06 工作面回风隅角在后部溜子处埋设管路进行注惰,注惰管路布置:斜风井→集中回风上山→(9-15)06 轨顺专用回风巷→(9-15)06 轨道顺槽→(9-15)06 工作面回风隅角,经管路输送到使用地点。当预埋在轨道顺槽的"L"形管路进入采空区 20 m 后,开始进行预防性注惰;当管路进入采空区 70 m 时,预埋第二趟管路;当第一趟管路深入采空区 90 m 时断开,开始利用第二趟管路进行注惰。

当工作面推进缓慢(月推进速度小于 70 m)或者经监测采空区出现自然发火征兆时,加大采空区注惰量并同时进行注浆。其中,注浆材料选用黄土及 MEA-1 防灭火材料同时压注,且注浆浓度(黄土与水的比例)约为 1∶3,MEA-1 防灭火材料与水比例不大于 1∶125。

6.5.2　防火效果考察

为了考察分体式注惰期间采空区遗煤防火效果,定点布置 1♯～6♯测点对 CO 以及烷烃类气体进行监测(图 6.18),其中 1♯和 5♯测点分别位于进风隅角和回风隅角处,2♯、3♯和 4♯测点分别位于 17 号支架、33 号支架及 49 号支架处,6♯测点对回风流气体浓度进行监测。

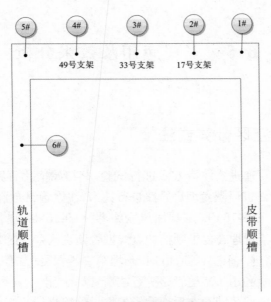

图 6.18　防火效果考察测点布置

在工作面自然发火防治方面,对于非采空区监测,以 CO 为主要监测指标,其监测浓度与是否存在自燃危险性以及是否发生明火等的关系,如表 6.1 所示。

表 6.1　工作面回风隅角和支架后部气体监测预报表

CO 浓度(ppm)	预报结果
<24	存在自燃隐患
24~50	发生自燃隐患
50~200	煤温已超过临界温度
200~500	煤温已超过干裂温度
>500	有明火

由 3.3 节惰化条件下煤析出气体可知,在采空区注惰(CO_2 和 N_2)期间,由于惰气的惰化作用,CO 气体析出量减小,尤其是当注惰量较大时,CO 作为自然发火的指标气体,便显得不够灵敏。在 CO_2 惰化实验中,当 CO_2 含量为 12.5%时,C_2H_4 析出温度约为 70 ℃,C_2H_6 析出温度约为 60 ℃;当 CO_2 含量为 25%时,C_2H_4 析出温度约为 60 ℃,C_2H_6 析出温度为 50 ℃;当 CO_2 含量为 37.5%时,C_2H_4 析出温度约为 50 ℃,C_2H_6 析出温度为 50 ℃。因此,本书通过对 CO、CH_4、C_2H_4 以及 C_2H_6 进行重点监测,以考察分体式注惰期间采空区遗煤防火工业性应用效果。

CO 浓度变化如图 6.19(a)所示,现采取常规的进风隅角注惰在自燃危险性较高的煤层并未取得非常良好的效果,临近回风巷侧偶有 CO 浓度较高的情况;从分体式注 N_2 和 CO_2 第一天起,CO 浓度开始降低,在较短时间内,便降到安全范围以内。图 6.19(b)为回风流 CH_4 浓度,整个注惰期间未见有 C_2H_4、C_2H_6 气体析出,同时也未发生 CO_2 超标的现象,由此可见,本次采空区分体式注惰取得了非常好的效果。

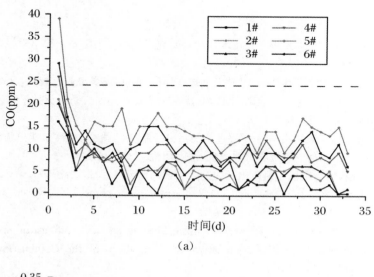

(a)

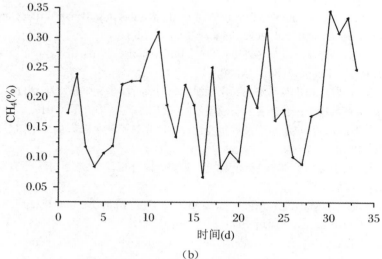

(b)

图 6.19　CO、CH_4 浓度监测结果

参 考 文 献

[1] 秦波涛,王德明.矿井防灭火技术现状及研究进展[J].中国安全科学学报,2007(12)：
80-85,193.

[2] 国家安全生产监督管理局.煤矿安全规程[M].北京:煤炭工业出版社,2001.

[3] 中华人民共和国煤炭工业部. MT/T 701-1997 煤矿用氮气防灭火技术规范[S].煤炭
科学研究总院重庆分院,1997.

[4] 岑可法,姚强,骆仲泱,等. 燃烧理论与污染控制[M].北京:机械工业出版社,2004.

[5] 李法社,王华.高等燃烧学[M].北京:科学出版社,2016.

[6] 袁野.煤粉燃烧及碱金属析出行为的光学诊断研究[D].北京:清华大学,2016.

[7] Wheeler A. Reaction rates and selectivity in catalyst pores[J]. Advances in Catalysis,
1951,3:249-427.

[8] Howard J B,Essenhigh R H. Mechanism of solid-partical combustion with simulta-
neous gas-phase volatiles combustion[J]. Procedings of the Combustion Institute,
1967,11(1):74-84.

[9] Howard J B,Essenhigh R. Pyrolysis of coal particles in pulverized fuel flames[J]. I &
EC Process Design and Development,1967,6:74-84.

[10] Essenhigh R H,Misra M K,Shaw D W. Ignition of Coal particles:a review[J]. Com-
bustion and Flame,1989,77:3-30.

[11] 傅维镳.煤燃烧理论及其宏观通用规律[M].北京:清华大学出版社,2003.

[12] 刘冰.单颗煤粒着火特性实验与模型研究[D].北京:清华大学,2016.

[13] 刘源,贺新福,等.热解温度及气氛变化对神府煤热解产物分布的影响[J].煤炭学报,
2015,40(S2):497-504.

[14] 巩志强,刘志成,等.半焦燃烧及煤热解燃烧耦合试验研究[J].煤炭学报,2014,39
(S2): 519-525.

[15] Sommariva S,Maffei T,Migliavacca G,et al. A predictive multi-step kinetic model
of coal devolatilization[J]. Fuel,2010,89:318-328.

[16] Maffei T,Frassoldati A,Cuoci A,et al. Predictive one step kinetic model of coal
pyrolysis for CFD applications[J]. Proceedings of the Combustion Institute,2013,
34:2401-2410.

[17] Ahmed I I,Gupta A K. Experiments and stochastic simulations of lignite coal during
pyrolysis and gasification[J]. Applied Energy,2013,102:355-363.

[18] Sadhukhan A K,Gupta P,Saha R K. Modeling and experimental studies on single
particle coal devolatilization and residual char combustion in fluidized bed[J]. Fuel,

2011(90):2132-2141.

[19] Solomon P R,Fletcher T R,Pugmire R J. Progress in coal pyrolysis[J]. Fuel,1993,
72(5):587-597.

[20] Miura K. Mild conversion of coal for producing valuable chemicals[J]. Fuel Process-
ing Technology, 2000,62(2-3):119-135.

[21] 李刚.煤热解中间体和自由基表征及反应机理研究[D].大连:大连理工大学,2015.

[22] 万凯迪.煤粉热解、燃烧及碱金属释放与反应特性的大涡模拟[D].杭州:浙江大
学,2016.

[23] Badzioch S,Hawksley P G W. Kinetics of thermal decomposition of pulverized coal
particles[J]. Industrial & Engineering Chemistry Process Design and Development,
1970,9(4):521-530.

[24] Kobayashi H, Howard J, Sarofim A F. Coal devolatilization at high temperatures
[J]. Symposium (International) on Combustion,1977,16(1):411-425.

[25] 钱琳.基于分子结构的褐煤挥发分释放及氮转化模型的研究[D].哈尔滨:哈尔滨工
业大学,2013.

[26] 易兰.基于褐煤热解分级炼制的热解模型的建立[D].太原:太原理工大学,2016.

[27] Anthony D B,Howard J B,et al. Rapid Devolatilization of pulverized coal. In: 15th
Symposium (International) on Combustion[J]. Pittsburgh PA: The Combustion
Institute,1975:1303-1317.

[28] 胡国新,田伟学,等.大颗粒煤在移动床中的热解模型[J].上海交通大学学报,2001
(5):733-736.

[29] 傅维标,张燕屏,韩洪樵,等.煤粒热解通用模型(Fu-Zhang 模型)[J].中国科学,1988
(12):1283-1290.

[30] Versteeg H K, Malalasekera W. An introduction to computational fluid dynamics:
the finite volume method[M]. London:Person Education Ltd. ,2007.

[31] 张兆顺,崔桂香,许春晓.湍流理论与模拟[M].北京:清华大学出版社,2005.

[32] Marchioli C, Soldati A, Kuerten J G M, et al. Statistics of particle dispersion in
direct numerical simulations of wall-bounded turbulence:results of an international
collaborative benchmark test[J]. International Journal of Multiphase Flow,2008,
34:879-893.

[33] Jingsen M,Wei G,Qingang X,et al. Direct numerical simulation of particle cluste-
ring in gas-solid flow with a macro-scale particle method[J]. Chemical Engineering
Science,2009,64:43-51.

[34] Favre A. Equations des gas turbulents compressible[J]. Journal de Mecanique,1965,
4:361-390.

[35] Pope S B. The probability approach to the modelling of turbulent reacting flows[J].
Combustion and Flame, 1976,27:299-312.

[36] Pitsch H. Large-eddy simulation of turbulent combustion[J]. Annual Review of Fluid
Mechanics,2006,38:453-482.

[37] Biger R W. The structure of turbulent nonpremixed flames[J]. In Symposium (International) on Combustion, 1989, 22: 475-488.

[38] 陈巨辉. 基于大涡模拟: 颗粒二阶矩的两相流动与反应数值模拟[D]. 哈尔滨: 哈尔滨工业大学, 2013.

[39] Peters N. Laminar diffusion flamelet models in non-premixed turbulent combustion [J]. Progress in Energy and Combustion Science, 1984, 10(3): 319-339.

[40] 杨建山. 动态亚网格"二阶矩"湍流燃烧模型[D]. 杭州: 浙江大学, 2016.

[41] Hu B, Rutland C J, Shethaji T A. A mixed-mode combustion model for large-eddy simulation of diesel engines[J]. Combustion Science and Technology, 2010, 182(9): 1279-1320.

[42] Tillou J, Michel J B, Angelberger C, et al. Assessing LES models based on tabulated chemistry for the simulation of Diesel spray combustion[J]. Combustion and Flame, 2014, 161(2): 525-540.

[43] Spalding D B. Mixing and chemical reaction in steady confined turbulent flames[J]. Symposium (International) on Combustion, 1971, 13(1): 649-657.

[44] 吴超. 湍流燃烧模型在燃烧室数值计算中的应用研究[D]. 沈阳: 沈阳航空工业学院, 2009.

[45] Magnussen B F, Hjertager B H. On mathematical modeling of turbulent combustion with special emphasis on soot formation and combustion[J]. Symposium on Combustion, 1977, 16(1): 719-729.

[46] 汪延鹏. 涡团耗散模型 A 值对模拟精度的影响[D]. 厦门: 厦门大学, 2014.

[47] 刘忠锁. 石墨/焦炭-CO_2/H_2O 气化的热分析动力学研究[D]. 沈阳: 东北大学, 2011.

[48] 李艳春. 热分析动力学在含能材料中的应用[D]. 南京: 南京理工大学, 2010.

[49] 彭本信. 应用热分析技术研究煤的氧化自燃过程[J]. 煤矿安全, 1990(4): 1-12.

[50] 张嬿妮. 煤氧化自燃微观特征及其宏观表征研究[D]. 西安: 西安科技大学, 2012.

[51] 舒新前. 煤炭自燃的热分析研究[J]. 中国煤田地质, 1994(2): 25-29.

[52] 路继根, 邱建荣, 等. 用热重法研究我国四种煤显微组分的燃烧特性[J]. 燃料化学学报, 1996(4): 329-334.

[53] Xu Y L, et al. Spontaneous combustion coal parameters for the Crossing-Point Temperature (CPT) method in a Temperature – Programmed System (TPS)[J]. Fire Safety Journal, 2017: 1-8.

[54] 梁运涛. 煤自燃过程热物理场效特性实验研究[D]. 北京: 煤炭科学研究总院, 2002.

[55] 许涛, 王德明, 等. 煤低温恒温氧化过程反应特性的试验研究[J]. 中国安全科学学报, 2011, 21(9): 113-118.

[56] Jun D, Jingyu Z, Yanni Z, et al. Study on coal spontaneous combustion characteristic temperature of growth rate analysis[J]. Procedia Engineering, 2014, 84: 796-805.

[57] Chen X, Yi X, Deng J. Experiment study of characteristic self-heating intensity of coal[J]. Journal of China Coal Society, 2005(5): 17.

[58] 陆伟, 王德明, 等. 绝热氧化法研究煤的自燃特性[J]. 中国矿业大学学报, 2005(2):

84-88.

[59] 陆伟,王德明,等.基于绝热氧化的煤自燃倾向性鉴定研究[J].工程热物理学报,2006
(5):875-878.

[60] 谢振华,金龙哲,宋存义.程序升温条件下煤炭自燃特性[J].北京科技大学学报,2003
(1):12-14.

[61] 徐长富,樊少武,等.水分对煤自燃临界温度影响的试验研究[J].煤炭科学技术,
2015,43(7):65-68.

[62] Stott J B. The spontaneous heating of coal and the role of moisture transfer[R].
Pittsburgh : US Bureau of Mines,1980.

[63] Stott J B, Cheng X D. Measure the tendence of coal to fire spontaneously[J].
Colliery Guardian,1992,240 (1):9~16.

[64] Smith A C,Miron Y,Lazzara C P. Large-scale studies on spontaneous combustion of
coal[R]. US Bureau of Mines,Report of Investigation,1991.

[65] Cliiff D,Davis R,Bennet A, et al. Large scale laboratory testing of the spontaneous
combustibility of Australia coals[R]. In Queensland Mining Industry Health & Safety
Conference,1998:175~179.

[66] 邓军,徐精彩,等.煤最短自然发火期实验及数值分析[J].煤炭学报,1999(3):52-56.

[67] 邓军,徐精彩,王洪权.圆柱形煤自然发火实验台的数值模拟研究[J].辽宁工程技术
大学学报(自然科学版),2002(2):129-132.

[68] 李伟.煤氧化自燃特性参数变化规律的实验研究[D].西安:西安科技大学,2008.

[69] 邓军,马蓉,等.变氧浓度条件下煤自燃特性参数实验测试[J].煤炭技术,2014,33
(11):4-7.

[70] 邓军,张燕妮,等.煤自然发火期预测模型研究[J].煤炭学报,2004(5):568-571.

[71] 文虎.煤自燃全过程实验模拟及高温区域动态变化规律的研究[J].煤炭学报,2004
(6):689-693.

[72] 张国枢,戴广龙,王卫平.煤炭自燃模拟实验装置设计与研制[J].淮南工业学院学报,
1999(4):11-13.

[73] 张瑞新,谢和平.煤堆自然发火的试验研究[J].煤炭学报,2001(2):168-171.

[74] 张瑞新,谢和平,谢之康.露天煤体自然发火的试验研究[J].中国矿业大学学报,2000
(3):13-16.

[75] 邬剑明,迟克勇,肖建红.煤自然发火过程的模拟实验研究[J].中国煤炭,2008(4):4,
49-51.

[76] 帕什科夫斯基 Π C,刘颖.深井煤炭自燃过程的控制[J].东北煤炭技术,1997(3):
59-60.

[77] Sujanti,Zhang W,Dong-Ke,et al. Low-temperature oxidation of coal studied using
wrie-mesh reactors with both steady-state and transient methods[J]. Combustion
and Flame,1999,117(3):646-651.

[78] 徐精彩.煤自燃危险区域判定理论[M].北京:煤炭工业出版社,2001.

[79] 徐精彩,文虎,等.综放面采空区遗煤自燃危险区域判定方法的研究[J].中国科学技

术大学学报,2002(6):39-44.

[80] 谭允祯,张东俭,等.综采放顶煤工作面采空区自燃区的划分[J].山东科技大学学报（自然科学版）,2002(1):69-71.

[81] 崔凯,张东海,杨胜强.采空区遗煤自燃带确定及风流场数值模拟[J].山东科技大学学报（自然科学版）,2002(4):88-92.

[82] 曹凯.综放采空区遗煤自然发火规律及高效防治技术[D].徐州:中国矿业大学,2013.

[83] 郇华清,祁云,等.基于 AHP 优化的采空区自燃危险性预测研究[J].能源技术与管理,2018,43(2):11-13.

[84] 杨永良,李增华,等.利用顶板冒落规律研究采空区自燃"三带"分布[J].采矿与安全工程学报,2010,27(2):205-209.

[85] 程卫民,张孝强,等.综放采空区瓦斯与遗煤自燃耦合灾害危险区域重建技术[J].煤炭学报,2016,41(3):662-671.

[86] 谢军,程卫民,等.综放采空区空间自燃"三带"的观测及划分[J].煤矿安全,2011,42(4):137-139.

[87] 崔洪义,王振平,王洪权.煤层自然发火早期预报技术与应用[J].煤矿安全,2001(12):16-18.

[88] 赵晓夏,张平.矿井煤自燃高温区域的探测方法研究综述[J].能源技术与管理,2016,41(3):26-28.

[89] 辛遽.煤自燃分段电学特性及瞬变电磁探测技术研究[D].北京:中国矿业大学(北京),2017.

[90] 于树江.复杂空区下开采区域自燃探测治理及整体防控研究[D].北京:中国矿业大学(北京),2015.

[91] 李宗翔,单龙彪,张文君.采空区开区注氮防灭火的数值模拟研究[J].湖南科技大学学报（自然科学版）,2004(3):5-9.

[92] 唐立岩.高瓦斯煤层防灭火技术研究[D].成都:四川师范大学,2016.

[93] 丁香香.采空区注入低温氮气防灭火数值模拟[D].徐州:中国矿业大学,2014.

[94] 张九零.注惰对封闭火区气体运移规律的影响研究[D].北京:中国矿业大学(北京),2009.

[95] 苏福鹏.环境因素对火区气体运移的作用规律及致灾机理研究[D].北京:中国矿业大学(北京),2011.

[96] 王忠文.矿井火灾诱发爆炸动态演化规律及防治技术研究[D].北京:中国矿业大学(北京),2013.

[97] 李诚玉.煤矿火区瓦斯爆炸危险性演化规律研究[D].阜新:辽宁工程技术大学,2015.

[98] 陆卫东.浅埋厚煤层综放开采注氮防火技术研究[D].阜新:辽宁工程技术大学,2006.

[99] 周西华.双高矿井采场自燃与爆炸特性及防治技术研究[D].阜新:辽宁工程技术大学,2006.

[100] 周令昌. 综放开采采空区液氮降温防灭火数值模拟研究[D].阜新:辽宁工程技术大学,2007.

[101] 刘立立.九道岭矿综放采空区防灭火数值模拟研究[D].阜新:辽宁工程技术大学,2013.

[102] 汪月伟.近距离煤层同采采空区自然发火防治技术研究[D].北京:中国矿业大学(北京),2015.

[103] 王国旗,邓军,等.综放采空区二氧化碳防灭火参数确定[J].辽宁工程技术大学学报(自然科学版),2009,28(2):169-172.

[104] 李庆军.近距离煤层群开采煤层自燃预测研究[D].西安:西安科技大学,2010.

[105] 李士戎.二氧化碳抑制煤炭氧化自燃性能的实验研究[D].西安:西安科技大学,2008.

[106] 邵昊,蒋曙光,等.采空区注二氧化碳防灭火的数值模拟研究[J].采矿与安全工程学报,2013,30(1):154-158.

[107] 曹楠.高瓦斯综采工作面煤层自燃封闭火区治理技术研究[D].西安:西安科技大学,2012.

[108] 吴兵,郭志国,等.N_2 和 CO_2 对煤燃烧全过程灭火效能的对比研究[J].中国矿业大学学报,2018,47(2):247-256.

[109] 孙浩.东荣矿区近距离煤层群开采煤层自燃防治技术研究与应用[D].西安:西安科技大学,2013.

[110] 马砺,王伟峰,等.液态 CO_2 防治采空区自燃应用工艺流程模拟[J].西安科技大学学报,2015,35(2):152-158.

[111] 邓军,习红军,等.煤矿采空区液态 CO_2 灌注防灭火关键参数研究[J].西安科技大学学报,2017,37(5):605-609.

[112] 于志金.松散煤体内液态 CO_2 相变传热与传质过程研究[D].西安:西安科技大学,2017.

[113] 李喜员,徐成林,刘广金.易燃突出煤层工作面重氮防灭火技术[J].煤矿安全,2015,46(7):88-90.

[114] Lautenberger C W, Fernandez-Pello C. Generalized pyrolysis model for combustible solids[J]. Fire Safety Journal,2009,44(6):819-839.

[115] Lautenberger C W. A generalized pyrolysis model for combustible solids [D]. Berkeley:University of California,2007.

[116] 刘旭光,李保庆.煤热解模型的研究方向[J].煤炭转化,1998(3):48-52.

[117] 李超.烟煤流化床热解机理以及挥发产物组分布特性研究[D].杭州:浙江大学,2016.

[118] Kung H C,Kalelkar A S. On the heat of reaction in wood pyrolysis[J]. Combustion and Flame, 1973,20(1):91-103.

[119] Simmons G M,Gentry M. Particle size limitations due to heat transfer in determining pyrolysis kinetics of biomass[J]. Journal of Analytical and Applied Pyrolysis,1986,10(2):117-127.

[120] Stoliarov S I, Crowley S, Walters R N, et al. Prediction of the burning rates of charring polymers[J]. Combustion and Flame,2010,157(11):2024-2034.

[121] Lautenberger C W, Fernandez-Pello C. Generalized pyrolysis model for combustible solids[J]. Fire Safety Journal,2009,44(6):819-839.

[122] Bridgwater A V. Advances in thermochemical biomass conversion[M]. Berlin: Springer Netherlands,1993.

[123] Ragland K, Boerger J, Baker A. A model of chunkwood combustion[J]. Forest Products Journal (USA),1988,38.

[124] Saastamoinen J J. Model for drying and pyrolysis in an updraft gasifier[C]// Bridgwater A V. Advances in thermochemical biomass conversion. Berlin:Springer Netherlands,1993:186-200.

[125] Bryden K M, Ragland K W, Rutland C J. Modeling thermally thick pyrolysis of wood[J]. Biomass and Bioenergy,2002,22(1):41-53.

[126] Alves S S, Figueiredo J L. A model for pyrolysis of wet wood[J]. Chemical Engineering Science,1989,44(12):2861-2869.

[127] Ouelhazi N, Arnaud G, Fohr J P. A 2-dimensional study of wood plank drying. The effect of gaseous pressure below boiling-point[J]. Transport in Porous Media, 1992,7(1):39-61.

[128] Ding Y, Wang C J, Lu S X. Modeling the pyrolysis of wet wood using FireFOAM [J]. Conversion and Management,2015,98(15):500-506.

[129] 叶家盛.应用大涡数值计算模拟水下重力流的初步研究[D].马鞍山:安徽工业大学,2014.

[130] Chen Z, Wen J, Xu B,et al. Large eddy simulation of fire dynamics with the improved eddy dissipation concept[J]. Fire Safety Science,2011,10:795-808.

[131] Fukumoto K, Wang C J, Wen J. Large eddy simulation of upward flame spread on PMMA walls with a fully coupled fluid－solid approach[J]. Combustion and Flame,2018,190:365-387.

[132] Banerjee S, Liang T, Rutland C J,et al. Validation of an LES multi mode combustion model for diesel combustion[N]. SAE Technical Papers,2010-01-03(61).

[133] 肖刚.基于线性涡模型的部分预混燃烧大涡模拟研究[D].天津:天津大学,2016.

[134] Magnussen B F. The eddy dissipation concept:a bridge between science and technology[C]//ECCOMAS thematic conference on computational combustion. 2005: 21-24.

[135] Panjwani B, Ertesvag I S, Rian K E,et al. Sub-grid combustion modeling for large eddy simulation (LES) of turbulent combustion using eddy dissipation concept[R]. Fifth European Conference on Computational Fluid Dynamics, The European Community on Computational Methods in Applied Sciences, 2010:1-19.

[136] Chaos M, Khan M M, Dorofeev S B. Pyrolysis of corrugated cardboard in inert and oxidative environments[J]. Proceedings of the Combustion Institute,2013,34(2):

2583-2590.

[137] Ding Y, Wang C, Lu S. Modeling the pyrolysis of wet wood using FireFOAM[J]. Energy Conversion and Management, 2015, 98(15): 500-506.

[138] 赵霏阳. 柴油机低温燃烧实现超低碳烟排放的机理研究[D]. 天津: 天津大学, 2013.

[139] Lau C W, Niksa S. The impact of soot on the combustion characteristic of coal particles of various types[J]. Combustion and Flame, 1993, 95(1-2): 1-21.

[140] Frenklach M, Clary D W, Gardiner J. Twentieth symposium (International) on combustion[J]. The Combustion Institute, Pittsburgll, PA, 1984: 887-901.

[141] 鞠洪玲. 柴油机碳烟颗粒生成规律和尺寸分布特性的研究[D]. 武汉: 华中科技大学, 2011.

[142] Chen Z. Extension of the eddy dissipation concept and laminar smoke point soot model to the large eddy simulation of fire dynamics[D]. London: Kingston University, 2012.

[143] Chen Z, Wen J, Xu B, et al. Extension of the eddy dissipation concept and smoke point soot model to the LES frame for fire simulations[J]. Fire Safety Journal, 2014, 64: 12-26.

[144] Beji T, Zhang J P, Yao W, et al. A novel soot model for fires: validation in a laminar non-premixed flame[J]. Combust Flame, 2011, 158(2): 281-290.

[145] Kennedy I M, Kollmann W, Chen J Y. A model for soot formation in a laminar diffusion flame[J]. Combust Flame, 1990, 81(1): 73-85.

[146] Tao F, Golovitchev V I, Chomiak J. A phenomenological model for the prediction of soot formation in diesel spray combustion[J]. Combust Flame, 2004, 136(3): 270-282.

[147] Magnussen B F, Hjertager B H, Olsen J G, et al. Effects of turbulent structure and local concentrations on soot formation and combustion in C_2H_2 diffusion flames [J]. Symposium (International) on Combustion, 1979, 17(1): 1383-1393.

[148] Yao W, Zhang J, Nadjai A, et al. A global soot model developed for fires: validation in laminar flames and application in turbulent pool fires[J]. Fire Safety Journal, 2011, 46(7): 371-387.

[149] 严寒, 张鸿雁. 不同辐射模型在太阳辐射数值模拟中的比较[J]. 节能技术, 2015, 33(5): 428-431, 452.

[150] 崔福庆, 何雅玲, 程泽东, 等. 有压腔式吸热器内辐射传播过程的 Monte Carlo 模拟[J]. 化工学报, 2011, 62(S1): 60-65.

[151] 崔梦娇. 管式加热炉内燃烧与传热的数值模拟[D]. 大连: 大连理工大学, 2015.

[152] 郑志伟. 基于 FLUENT 的加热炉模拟与优化[D]. 北京: 中国石油大学, 2010.

[153] 付佳佳. 基于 OpenFOAM 平台下氢气喷射火的大涡模拟[D]. 合肥: 中国科学技术大学, 2013.

[154] 虞继舜. 煤化学[M]. 北京: 冶金工业出版社, 2000.

[155] 郭爱萍. 宁东煤的热解过程分析[D]. 银川: 宁夏大学, 2013.

[156] 罗进成.中国西部五种典型煤的热解及催化加氢热解行为热重研究[D].西安:西北大学,2008.

[157] 常娜,甘艳萍,陈延信.升温速率及热解温度对煤热解过程的影响[J].煤炭转化,2012,35(3):1-5.

[158] 杨成.基于 AGA 的煤自然发火期影响因素组合分析[D].西安:西安科技大学,2005.

[159] 亓延军.常用有机外墙外保温系统火灾特性研究[D].合肥:中国科学技术大学,2012.

[160] Huggett C. Estimation of rate of heat release by means of oxygen consumption measurements[J]. Fire and Materials,1980,4(2):61-65.

[161] 覃况,徐晶晶.锥形量热仪方法国内外标准对比分析[J].标准科学, 2017(10):89-92.

[162] 朱五八.不同通风状况下典型软垫家具火灾特性研究[D].合肥:中国科学技术大学, 2007.

[163] 吕佳梅.丁苯橡胶的协同阻燃性能及其机理的研究[D].青岛:青岛科技大学,2012.

[164] 楼超超.硅溶胶对杉木的阻燃改性研究[D].杭州:浙江大学,2010.

[165] 刘杰.基于锥形量热仪的家具常用木材有无助燃剂添加的燃烧特性的研究[D].合肥:中国科学技术大学,2016.

[166] 熊刚.煤和生物质燃烧碳烟生成的实验研究[D].北京:清华大学,2011.

[167] 顾明毅.分子随机热运动对燃烧火焰结构的跨尺度影响研究[D].杭州:浙江大学,2017.

[168] 韩雪娇.天然气内燃机燃烧问题的基础研究[D].北京:北京工业大学,2013.

[169] Chen R,Lu S,Zhang Y,et al. Pyrolysis study of waste cable hose with thermogravimetry/Fourier transform infrared/mass spectrometry analysis[J]. Energy Conversion and Management,2017,153(1):83-92.

[170] Jiang L,Xiao H H,He J J,et al. Application of genetic algorithm to pyrolysis of typical polymers[J]. Fuel Processing Technology,2015,138:48-55.

[171] Lautenberger C W,De Ris J,Dembsey N A,et al. A simplified model for soot formation and oxidation in CFD simulation of non-premixed hydrocarbon Flames[J]. Fire Safety Journal,2005,40(2):141-176.

[172] Lautenberger C W, Rein G, Fernandez-Pello C. The application of a genetic algorithm to estimate material properties for fire modeling from bench-scale fire test data[J]. Fire Safety Journal,2006,41(3):204-214.

[173] Huang X Y,Restuccia F,Gramola M,et al. Experimental study of the formation and collapse of an overhang in the lateral spread of smouldering peat fires[J]. Combustion and Flame,2016,168:393-402.

[174] Elliott L,Ingham D B,Kyne A G,et al. Genetic algorithms for optimisation of chemical kinetics reaction mechanisms[J]. Progress in Energy and Combustion Science,2004,30(3):297-328.

[175] Rein G, Lautenberger C, Fernandez-Pello A C, et al. Application of genetic algorithms and thermogravimetry to determine the kinetics of polyurethane foam in smoldering combustion[J]. Combustion and Flame, 2006, 146(1-2): 95-108.

[176] 牛慧昌, 姬丹, 刘乃安. 基于混合型遗传算法的森林可燃物热解动力学参数优化方法[J]. 物理化学学报, 2016, 32(9): 2223-2231.

[177] 张孟喜, 张石磊. H-V 加筋土性状的颗粒流细观模拟[J]. 岩土工程学报, 2008, 30(5): 625-631.

[178] 黄达, 岑夺丰, 黄润秋. 单裂隙砂岩单轴压缩的中等应变率效应颗粒流模拟[J]. 岩土力学, 2013, 34(2): 535-545.

[179] 杜文州. 流固耦合煤体真三轴渗流实验装置的研制及应用[D]. 青岛: 山东科技大学, 2015.

[180] Du W Z, Zhang Y Z, Meng X B, et al. Deformation and seepage characteristics of gas-containing coal under true triaxial[J]. Arabian Journal of Geosciences, 2018, 11(9): 190.

[181] 王刚, 李文鑫, 杜文州, 等. 真三轴气固耦合煤体渗流试验系统的研制及应用[J]. 岩土力学, 2016, 37(7): 2109-2118.

[182] 王福军. 计算流体动力学分析: CFD 软件原理与应用[M]. 北京: 清华大学出版社, 2004.

[183] 江帆, 黄鹏. Fluent 高级应用与实例分析[M]. 北京: 清华大学出版社, 2008.

[184] 王红刚. 采空区漏风流场与瓦斯运移的叠加方法研究[D]. 西安: 西安科技大学, 2009.

[185] 张孝强. 综放采空区煤自燃与瓦斯耦合空间危险区域分布及隔离防治技术[D]. 青岛: 山东科技大学, 2017.

[186] 唐冠楚. CFD 模型下采空区瓦斯抽采与防火研究[D]. 徐州: 中国矿业大学, 2017.

[187] 孟乐. 自燃煤层综放采空区合理瓦斯抽采参数研究[D]. 阜新: 辽宁工程技术大学, 2012.

[188] 宋万新. 含瓦斯风流对煤自燃氧化特性影响的理论及应用研究[D]. 徐州: 中国矿业大学, 2012.